中国农业标准经典收藏系列

最新中国农业行业标准

第七辑

农机分册

农业标准出版研究中心 编

中国农业出版社

出 版 说 明

　　2011 年初，我中心出版了《中国农业标准经典收藏系列·最新中国农业行业标准》（共六辑），将 2004—2009 年由我社出版的 1 800 多项标准汇编成册，得到了广大读者的一致好评。无论从阅读方式还是从参考使用上，都给读者带来了很大方便。为了加大农业标准的宣贯力度，扩大标准汇编本的影响，满足和方便读者的需要，我们在总结以往出版经验的基础上策划了《最新中国农业行业标准·第七辑》。

　　以往的汇编本专业细分不够，定价较高，且忽视了专业读者群体。本次汇编弥补了以往的不足，对 2010 年出版的 280 项农业标准进行了专业细分，根据专业不同分为畜牧兽医、水产、种植业、土壤肥料、植保、农机、公告和综合 8 个分册。

　　本书收集整理了 2010 年由农业部发布的联合收割机、拖拉机、喷雾机、沼液抽排设备、制绳机、橡胶初加工机械、移栽机等方面的农机标准 28 项，并在书后附有 8 个标准公告供参考。

　　特别声明：

　　1. 汇编本着尊重原著的原则，除明显差错外，对标准中涉及的量、符号、单位和编写体例均未做统一改动。

　　2. 从印制工艺的角度考虑，原标准中的彩色部分在此只给出黑白图片。

　　本书可供农业生产人员、标准管理干部和科研人员使用，也可供大中专院校师生参考。

农业标准出版研究中心

2011 年 10 月

目　　录

ICS 65.060.99
B 91

中华人民共和国农业行业标准

NY/T 372—2010
代替 NY/T 372—1999

重力式种子分选机　质量评价技术规范

Technical specifications of quality evaluation for gravity seed separator

2010-07-08 发布

2010-09-01 实施

中华人民共和国农业部 发布

前　言

本标准遵照 GB/T 1.1—2009 给出的规则起草。

本标准是对 NY/T 372—1999《重力式分选机试验鉴定方法》的修订。

本标准与前一版本相比,有以下技术变化:

——标准名称由重力式分选机试验鉴定方法改为重力式种子分选机质量评价技术规范;

——调整了标准的总体结构,规范和调整了评价指标;

——调整并增加了引用标准;

——增加了术语和定义;

——增加了产品规格确认表、可靠性用户调查表;

——增加了主要技术参数的核测项目与方法;

——增加了抽样办法;

——增加了可靠性和三包凭证的评价方法,规定了评价内容和指标;

——增加了密封性能和标牌的评价方法,规定了评价内容和指标;

——将调节装置灵活可靠性、涂层厚度和空运转机器状态评价指标分别调整为操纵方便性、漆膜厚
度和空运转性能;

——删除了分等指标;

——删除了附录 A 试验检测记录表。

本标准由农业部农业机械化管理司提出。

本标准由全国农业机械标准化技术委员会农业机械化分技术委员会(SAC/TC201/SC2)归口。

本标准起草单位:农业部农业机械试验鉴定总站。

本标准主要起草人:兰心敏、孙丽娟、陈兴和、杜金、石文海。

本标准所代替标准的历次版本发布情况为:

——NY/T 372—1999。

重力式种子分选机　质量评价技术规范

1　范围

本标准规定了粮食作物种子加工用重力式分选机的基本要求、质量要求、检测方法和检验规则。

本标准适用于粮食作物种子加工用重力式分选机的质量评定。

2　规范性引用文件

下列文件对于本文件的应用是必不可少的。凡是注日期的引用文件,仅注日期的版本适用于本文件。凡是不注日期的引用文件,其最新版本(包括所有的修改单)适用于本文件。

GB/T 2828.1　计数抽样检验程序　第1部分:按接受质量限(AQL)检索的逐批检验抽样计划

GB/T 3543.1～3543.7　农作物种子检验规程

GB/T 5262　农业机械试验条件　测定方法的一般规定

GB/T 5667　农业机械生产试验方法

GB/T 5983—2001　种子清选机试验方法

GB/T 9480　农林拖拉机和机械、草坪和园艺动力机械　使用说明书编写规则

GB 10395.1　农林机械　安全　第1部分:总则

GB 10396　农林拖拉机和机械、草坪和园艺动力机械　安全标志和危险图形　总则

GB/T 13306　标牌

JB/T 5673　农林拖拉机和机具涂漆　通用技术条件

JB/T 9832.2　农林拖拉机及机具　漆膜　附着性能测定方法　压切法

3　术语和定义

下列术语和定义适用于本文件。

3.1

重杂　heavy impurities

密度大于本作物种子的杂质。如小麦中的并肩石、水稻中的整米粒及长度超过2/3的不完整米粒等。

3.2

轻杂　light impurities

种子中虫蛀、霉变、空瘪与已发芽的子粒及其他比重小于本作物种子的杂质。如小麦中的野燕麦、麦芒颖壳、碎茎等杂物。

3.3

除重杂率　removing rate of heavy impurities

清除的重杂占原始种子物料中重杂含量的百分率。

3.4

除轻杂率　removing rate of light impurities

清除的轻杂占原始种子物料中轻杂含量的百分率。

3.5

获选率　selected rate

主排料口样品中好种子质量占各排出口中好种子质量之和的百分率。

4 基本要求

4.1 所需的文件

a) 产品规格确认表(见附录 A,加盖法人公章);

b) 企业产品执行标准或产品制造验收技术条件;

c) 产品使用说明书;

d) 三包凭证;

e) 样机照片(应能充分反映样机特征)。

4.2 主要技术参数核对与测量

对样机的主要技术参数按照表 1 进行核对与测量,确认样机与技术文件规定的一致性。

表 1 核对与测量项目与方法

序 号	项 目				方 法
1	规格型号				核 对
2	结构型式				核 对
3	配套动力	总功率			核 对
		振动电机	型号		核 对
			功率/转速		核 对
		风机电机	型号		核 对
			功率/转速		核 对
4	外形尺寸(长×宽×高)				测 量
5	结构质量				测 量
6	纯工作小时生产率				核 对
7	工作时振动台风压				核 对
8	振动台振幅				核 对
9	振动方向角				核 对
10	振动台振动频率				核 对
11	筛网面积				测 量
12	吸风管直径				测 量

4.3 试验条件

4.3.1 根据样机规定的加工种子范围,选用同一地点、同一品种、同一时期收获的质量基本一致的试验种子。每种试验种子准备的数量不少于样机 1.5 h 的加工量。对粮食作物种子清选加工试验时,种子原始净度 94%~96%,含水率不大于 16%。

4.3.2 样机应按使用说明书的要求调整到正常工作状态,喂料量控制在企业明示生产率±10%的范围内(水稻生产率按小麦的 70%计算)。

4.3.3 样机应按使用说明书的规定配备操作人员,并按使用说明书的规定进行操作。

4.3.4 试验用电源电压为 380 V,波动范围应在±5%以内。

4.4 主要仪器设备要求

仪器设备应进行检定或校准且在有效期内。被测参数准确度要求应满足表 2 规定。

表 2 主要仪器设备测量范围和准确度要求

被测参数	测量范围	测量准确度要求
长度	(0～5) m	±1 mm
样品质量	(0～200) g	±0.1 g
	(0～3 000) g	±1 g
	(0～30) kg	±0.05 kg
时间	(0～24) h	±0.5 s/d
温度	(0～50) ℃	±1℃
湿度	(0%～90%) RH	±5% RH
噪声	(34～130) dB(A)	±1 dB(A)

5 质量要求

5.1 作业性能

在企业明示的生产率条件下,重力式种子分选机的主要性能指标应符合表 3 的规定。

表 3 性能指标

序号	项 目			质量指标	对应的检测方法条款号
1	除重杂率,%			≥80	6.1.3.3
2	除轻杂率,%			≥85	6.1.3.4
3	获选率,%			≥97	6.1.3.5
4	发芽率,%			高于选前	6.1.2.3
5	千粒质量,g			高于选前	6.1.2.3
6	纯工作小时生产率,kg/h			达到设计要求	6.1.3.1
7	千瓦小时生产率*kg/(kW·h)	吸式	带上料装置	≥200	6.1.3.2
			不带上料装置	≥350	
		吹式	带上料装置	≥250	
			不带上料装置	≥400	
8	噪声,dB(A)			≤87	6.1.5
备注	* 当机具带除尘装置时指标允许降低 1/4(不带上料装置)或 1/3(带上料装置)。				

5.2 安全性

5.2.1 外露回转件及发热部件应有防护装置,其结构和与危险件的安全距离应符合 GB 10395.1 的规定。

5.2.2 对操作人员存在危险的部位应设置永久性安全标志,安全标志应符合 GB 10396 的规定,并在使用说明书中再现和说明粘贴位置。

5.2.3 产品使用说明书中应规定安全的操作方法和注意事项。

5.2.4 电器装置应有漏电保护措施,电器控制部分绝缘电阻不小于 1 MΩ。

5.3 整机装配与外观质量

整机装配与外观质量应符合表 4 的规定。

表 4 整机装配与外观质量要求

序号	项 目			质 量 指 标
1	密封性能			无漏种、灰尘外扬等现象
2	空运转性能			运转平稳,无异常声响和卡滞现象,紧固件无松动
3	轴承温升			≤25℃
4	筛框振动特性	采用偏心机构时振幅允差,mm		≤振幅设计值的 12%
		采用振动电机	四角振幅允差,mm	≤0.5
			四角振动方向角允差,°	≤5

表 4（续）

序号	项 目	质 量 指 标
5	焊接质量	焊缝平整、均匀，无烧穿、漏焊和脱焊现象，焊缝缺陷数不超过 3 处
6	涂漆外观	色泽均匀，平整光滑，无露底、起泡和起皱现象
7	漆膜厚度，μm	$\geqslant 35$
8	漆膜附着力	3 处 II 级以上
9	标牌	应在产品的明显位置安装字迹清楚、牢固可靠的固定式标牌，其型式、尺寸和技术要求应符合 GB/T 13306 的规定，内容至少应包括：产品型号、名称、商标、主要技术参数、出厂编号、出厂日期、制造厂名称、产品执行标准代号

5.4 操纵方便性

5.4.1 各操纵机构操作方便、有效，调节装置（包括装卸筛子和各项工作参数调节）灵活可靠。

5.4.2 各调整量的示值允差不大于±5%。

5.4.3 调整、更换零部件应方便。

5.4.4 保养点设置应合理，便于操作。

5.4.5 种子物料的装卸应方便。

5.4.6 应清扫方便。

5.5 可靠性

5.5.1 依据可靠性试验结果进行评价的，有效度 K_{300h}（是指对样机进行不少于 300 h 可靠性试验的有效度）应不低于 93%。如果发生重大质量故障，可靠性试验不再继续进行，可靠性评价结果为不合格。

重大质量故障是指导致机具功能完全丧失、危及作业安全、造成人身伤亡或重大经济损失的故障，以及主要零部件或重要总成（如风机、风门调节机构、变频器、轴承等）损坏、报废，导致功能严重下降，无法正常作业的故障。

5.5.2 依据生产查定和可靠性用户调查结果进行评价的，有效度 K_{18h}（是指对样机进行不少于 3 个班次、18 h 生产查定的有效度）应不小于 98%，且调查结果中无重大质量故障发生，可靠性用户调查结果为"好"和"中"的占调查总数的 85% 以上。可靠性用户调查表见附录 B。

5.6 使用信息

5.6.1 使用说明书

使用说明书的编制应符合 GB/T 9480 的要求，至少应包括以下内容：

    a) 再现安全警示标志、标识，明确表示粘贴位置；

    b) 主要用途和适用范围；

    c) 主要技术参数；

    d) 正确的安装与调试方法；

    e) 操作说明；

    f) 安全注意事项；

    g) 维护与保养要求；

    h) 常见故障及排除方法；

    i) 产品"三包"内容，也可单独成册；

    j) 易损件清单；

    k) 产品执行标准代号。

5.6.2 三包凭证

至少应包括以下内容：

a) 产品名称、规格、型号、出厂编号；

b) 生产企业名称、地址、售后服务联系电话、邮政编码；

c) 修理者名称、地址、电话和邮政编码；

d) 整机三包有效期；

e) 主要零部件三包有效期；

f) 主要零部件清单；

g) 修理记录表；

h) 不实行三包的情况说明；

i) 其他必要的三包操作说明。

6 检测方法

6.1 性能试验

6.1.1 试验条件测定

6.1.1.1 试验前种子分别按 GB/T 5983—2001 中 4.3.1 和 4.4.1 取样并处理。

6.1.1.2 按 GB/T 5262 和 GB/T 3543.1～3543.7 测定种子的净度、含水率、发芽率、含重杂率、含轻杂率和千粒质量。

6.1.2 作业性能测定

6.1.2.1 性能试验应不少于 3 次，每次间隔时间不少于 10 min。

6.1.2.2 样机正常运行后开始试验，每次试验时间不少于 20 min，记录试验开始和终止时间及耗电量，分别称出各排出口的物料质量，按式（1）、式（2）计算纯工作小时生产率和千瓦小时生产率。

6.1.2.3 测定生产率同时，分别在各排出口接取样品，接样时间不少于 10 s。按 GB/T 5262 和 GB/T 3543.1～3543.7 测定主排出口种子样品的净度、发芽率和千粒质量。按式（3）～式（5）计算除重杂率、除轻杂率和获选率。

6.1.3 性能指标计算

6.1.3.1 纯工作小时生产率

$$E_c = \frac{W}{T_c} \quad\cdots\cdots\cdots\cdots\cdots\cdots\cdots\cdots\cdots\cdots\cdots\cdots\cdots\cdots \text{(1)}$$

式中：

E_c——纯工作小时生产率，单位为千克每小时（kg/h）；

W——测定时间内各排出口排出物总质量，单位为千克（kg）；

T_c——纯工作时间，单位为小时（h）。

6.1.3.2 千瓦小时生产率

$$E_d = \frac{W}{D} \quad\cdots\cdots\cdots\cdots\cdots\cdots\cdots\cdots\cdots\cdots\cdots\cdots\cdots\cdots \text{(2)}$$

式中：

E_d——千瓦小时生产率，单位为千克每千瓦时[kg/（kW·h）]；

D——测定时间的耗电量，单位为千瓦时（kW·h）。

6.1.3.3 除重杂率

$$I_z = \frac{Z}{Z_z \times W_0} \times 100 \quad\cdots\cdots\cdots\cdots\cdots\cdots\cdots\cdots\cdots\cdots\cdots \text{(3)}$$

式中：

I_z——除重杂率，单位为百分率（%）；

Z——重杂排出口样品中含重杂质量，单位为克(g)；

Z_z——原始物料中含重杂率，单位为百分率(%)；

W_0——各排出口样品质量之和，单位为克(g)。

6.1.3.4 除轻杂率

$$I_q = \frac{Q}{Z_q \times W_0} \times 100 \quad \cdots\cdots\cdots\cdots\cdots\cdots\cdots\cdots\cdots\cdots\cdots\cdots\cdots\cdots\cdots\cdots \quad (4)$$

式中：

I_q——除轻杂率，单位为百分率(%)；

Q——轻杂排出口样品中含轻杂质量，单位为克(g)；

Z_q——原始物料中含轻杂率，单位为百分率(%)。

6.1.3.5 获选率

$$H = \frac{W_h}{W_{h0} + W_{hl}} \times 100 \quad \cdots\cdots\cdots\cdots\cdots\cdots\cdots\cdots\cdots\cdots\cdots\cdots\cdots\cdots\cdots\cdots \quad (5)$$

式中：

H——获选率，单位为百分率(%)；

W_h——主排出口样品中好种子质量，单位为克(g)；

W_{h0}——各排出口样品中好种子质量之和，单位为克(g)；

W_{hl}——泄露的好种子质量，单位为克(g)。

6.1.4 生产查定

按 GB/T 5983—2001 中 5.3.2 对样机进行连续不少于 3 个班次的生产查定，每班次的作业时间不少于 6h；试验样机的技术状态良好，并严格按照产品使用说明书的规定进行使用、调整和保养；准确记录生产查定期间的作业时间、喂入量，按式(6)计算有效度；生产查定的时间分类按照 GB/T 5667 进行。

$$K_{18h} = \frac{\sum T_z}{\sum T_z + \sum T_g} \times 100 \quad \cdots\cdots\cdots\cdots\cdots\cdots\cdots\cdots\cdots\cdots\cdots\cdots\cdots \quad (6)$$

式中：

K_{18h}——有效度，单位为百分率(%)；

T_g——生产查定期间每班次故障排除时间，单位为小时(h)；

T_z——生产查定期间每班次作业时间，单位为小时(h)。

6.1.5 噪声测定

在正常工作状态下，声级计置于"慢"档，在样机四周距样机表面 1 m、离地高度 1.5 m 的不同位置处测定噪声值，测点不少于 5 点，取最大值作为检测结果。各测点的噪声值与背景噪声值之差应大于 10 dB(A)。

6.2 安全性检查

按本标准 5.2 条的要求逐项检查。

6.3 整机装配与外观质量检查

6.3.1 在整个试验过程中用观察法检查样机的密封性能。

6.3.2 样机在额定转速下空运转 30 min，检查空运转情况和紧固件紧固程度。测定空运转前后各主要轴承外表面温度，计算轴承温升，取最大值。

6.3.3 用振动传感器测定筛框振动特性。

6.3.4 按本标准 5.3 条的要求用观察法检查焊接质量。

6.3.5 按 JB/T 5673 和 JB/T 9832.2 检测涂漆外观质量和漆膜附着力，用电磁膜厚计测定涂层厚度。

6.3.6 按本标准 5.3 条的要求检查标牌。

6.4 操纵方便性检查

按本标准第5.4条的要求逐项检查。

6.5 可靠性试验

6.5.1 按GB/T 5983—2001中第5章进行可靠性试验,可靠性试验的时间不少于300 h。试验期间应指定专人观察、监视试验情况,记录试验时间、生产量、耗电量、故障原因、故障排除时间等情况。能分选多种作物种子的重力式分选机,应试验2种以上作物种子。试验结束后,按式(7)计算有效度。

$$K_{300h} = \frac{\sum T_z}{\sum T_z + \sum T_g} \times 100 \quad \cdots\cdots\cdots\cdots\cdots\cdots\cdots\cdots (7)$$

式中:

K_{300h}——有效度,单位为百分率(%);

$\sum T_z$—— 累计工作时间,单位为小时(h);

$\sum T_g$—— 故障时间(包括故障排除时间),单位为小时(h)。

6.5.2 批量生产销售两年以上且市场累计销售量超过300台的产品,可以按生产查定并结合可靠性用户调查结果进行可靠性评价。调查用户数量不少于10户。

6.6 使用说明书审查

按本标准第5.6.1条的要求逐项检查。

6.7 三包凭证审查

按本标准第5.6.2条的要求逐项检查。

7 检验规则

7.1 抽样方法

7.1.1 抽样方案应符合GB/T 2828.1的规定。

7.1.2 样机由制造企业提供且应是近半年内生产的合格产品,在制造企业明示的产品存放处或生产线上随机抽取,抽样基数26台～50台(市场或使用现场抽样不受此限)。

7.1.3 整机抽样数量2台。

7.2 不合格分类

所检测项目不符合本标准第5章质量要求的为不合格。不合格按其对产品质量影响程度分为A、B、C三类。不合格分类见表5。

表5 检验项目及不合格分类

不合格项目分类		项 目
类 别	项 数	
A	1	安全性
	2	获选率
	3	除轻杂率
	4	噪声
	5	可靠性
B	1	发芽率
	2	千粒质量
	3	除重杂率
	4	纯工作小时生产率
	5	千瓦小时生产率
	6	使用说明书
	7	三包凭证

表 5（续）

不合格项目分类		项　目
类　别	项　数	
C	1	密封性能
	2	空运转性能
	3	轴承温升
	4	筛框振动特性
	5	焊接质量
	6	涂漆外观
	7	漆膜附着力
	8	漆膜厚度
	9	标牌
	10	操纵方便性

7.3　评定规则

7.3.1　采用逐项考核,按类判定。各类不合格项目数均小于或等于相应接收数 Ac 时,判定产品合格,否则判定产品不合格。判定数组见表 6。

表 6　判定规则

不合格分类	A		B		C	
检验水平	S-1					
样本量字码	A					
样本量(n)	2		2		2	
项次数	5×2		7×2		10×2	
AQL	6.5		25		40	
Ac　　Re	0	1	1	2	2	3
注:表中 AQL 为接受质量限,Ac 为接收数,Re 为拒收数。						

7.3.2　试验期间,因样机质量原因造成故障,致使试验不能正常进行,应判定产品不合格。

附　录　A

（规范性附录）

产品规格确认表

序号	项　目			单位	设计值
1	规格型号			/	
2	结构型式			/	
3	配套动力	总功率		kW	
		振动电机	型号	/	
			功率/转速	kW/（r/min）	
		风机电机	型号	/	
			功率/转速	kW/（r/min）	
4	外形尺寸（长×宽×高）			mm	
5	结构质量			kg	
6	纯工作小时生产率			kg/h	
7	工作时振动台风压			Pa	
8	振动台振幅			mm	
9	振动方向角			°	
10	振动台振动频率			Hz	
11	筛网面积			m²	
12	吸风管直径			mm	
备注					

附　录　B

（规范性附录）

可靠性用户调查表

产品型号名称：　　　　　　　　产品编号：　　　　　　　生产企业：

调查单位：　　　　　　　　　　　　　　　　　　　　　　调查日期：　　　年　月　日

用户情况	姓名		年龄		文化程度	小学及以下　初中 高中及以上
	地址				从事作业年限	年
	电话		培训情况		未经过培训　上机前培训　专业培训	
机器情况	购买日期	年　月	机器出厂日期	年　月	配套动力	千瓦
	购买地点				结构型式	
使用情况	总工作时间		小时		总加工量	吨
作业质量	获选情况	好　中　差		生产效率	高　中　低	
	除杂情况	好　中　差		耗能情况	好　中　差	
维护保养方便性		好　中　差		操作方便性	好　中　差	
售后服务	服务及时性	好　中　差		配件供应	好　中　差	

可靠性情况	发生首次故障 前工作时间	小时		首次故障情况		
	故障 发生日期	故障名称		原因	处置方法	费用
	故障发生频次	少　一般　多		修复难易程度	容易　一般　难	
安全事故情况						
用户综合评价与建议						

注：调查内容有选项的，在所选项上划"√"。

ICS 65.060
B 91

中华人民共和国农业行业标准

NY/T 460—2010
代替 NY/T 460—2001

天然橡胶初加工机械　干燥车

Machinery for primary processing of natural rubber—Drying trolly

2010-09-21 发布

2010-12-01 实施

中华人民共和国农业部 发布

前　言

本标准遵照 GB/T 1.1—2009 给出的规则起草。

本标准是天然橡胶初加工机械系列标准之一。该系列标准的其他标准为：

——NY 228—1994　标准橡胶打包机技术条件；

——NY 232.1—94　制胶设备基础件　辊筒；

——NY 232.2—94　制胶设备基础件　筛网；

——NY 232.3—94　制胶设备基础件　锤片；

——NY/T 262—2003　天然橡胶初加工机械　绉片机；

——NY/T 263—2003　天然橡胶初加工机械　锤磨机；

——NY/T 338—1998　天然橡胶初加工机械　五合一压片机；

——NY/T 339—1998　天然橡胶初加工机械　手摇压片机；

——NY/T 340—1998　天然橡胶初加工机械　洗涤机；

——NY/T 381—1999　天然橡胶初加工机械　压薄机；

——NY/T 408—2000　天然橡胶初加工机械产品质量分等；

——NY/T 409—2000　天然橡胶初加工机械　通用技术条件；

——NY/T 461—2010　天然橡胶初加工机械　推进器；

——NY/T 462—2001　天然橡胶初加工机械　燃油炉；

——NY/T 926—2004　天然橡胶初加工机械　撕粒机；

——NY/T 927—2004　天然橡胶初加工机械　碎胶机；

——NY/T 1557　2007　天然橡胶初加工机械　干搅机；

——NY/T 1558—2007　天然橡胶初加工机械　干燥设备。

本标准代替 NY/T 460—2001《天然橡胶初加工机械　干燥车》。

本标准与 NY/T 460—2001 标准的主要变化如下：

——增加了部分中层干燥车型号；

——取消了部分深层干燥车型号；

——修改了部分原中层干燥车规格；

——修改了型号表示方法。

本标准由中华人民共和国农业部提出。

本标准由农业部热带作物及制品标准化技术委员会归口。

本标准由中国热带农业科学院农产品加工研究所负责起草,农业部热带作物机械质量监督检验测试中心参加起草。

本标准主要起草人:陆衡湘、刘培铭、陈成海、王金丽、朱德明。

本标准所代替标准的历次版本发布情况为：

——NY/T 460—2001。

天然橡胶初加工机械　干燥车

1　范围

本标准规定了天然橡胶干燥车的型号规格、技术要求以及试验方法、检验规则、产品标志、包装、运输和贮存。

2　规范性引用文件

下列文件对于本文件的应用是必不可少的。凡是注日期的引用文件,仅注日期的版本适用于本文件。凡是不注日期的引用文件,其最新版本(包括所有的修改单)适用于本文件。

GB/T 699　优质碳素结构钢

GB/T 1031　产品几何技术规范(GPS)表面结构　轮廓法　表面粗糙度参数及其数值

GB/T 1800.2　产品几何技术规范(GPS)极限与配合　第2部分:标准公差等级和孔、轴极限偏差表

GB/T 3177　产品几何技术规范(GPS)　光滑工件尺寸的检验

GB/T 3880.2　一般工业用铝及铝合金板、带材　第2部分:力学性能

GB/T 5330　工业用金属丝编织方孔筛网

GB/T 9439　灰铸铁件

NY/T 409　天然橡胶初加工机械　通用技术条件

3　型号和技术规格

3.1　型号表示方法

型号按NY/T 409规定的方法进行编制,表示方法如下:

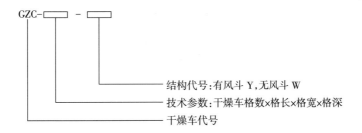

结构代号:有风斗Y,无风斗W
技术参数:干燥车格数×格长×格宽×格深
干燥车代号

示例:

GZC-14×600×400×700-Y表示干燥车的格数为14,格长600 mm,格宽400 mm,格深700 mm,有风斗。

GZC-28×680×340×365-W表示干燥车的格数为28,格长680 mm,格宽340 mm,格深365 mm,无风斗。

3.2　型号规格及技术参数见表1。

表1　型号规格及技术参数

型　号	格　数	格长×格宽×格深 mm	理论装载量 kg
GZC-14×600×400×700-Y	14	600×400×700	500
GZC-20×600×400×400-W	20	600×400×400	400
GZC-20×680×340×365-W	20	680×340×365	330

表1（续）

型号	格数	格长×格宽×格深 mm	理论装载量 kg
GZC-24×600×400×400-W	24	600×400×400	480
GZC-24×680×340×365-W	24	680×340×365	400
GZC-28×600×400×400-W	28	600×400×400	560
GZC-28×680×340×365-W	28	680×340×365	460
GZC-28×600×400×700-Y	28	600×400×700	1 000

4 技术要求

4.1 基本要求

4.1.1 干燥车结构应符合胶粒的通风干燥及标准橡胶打包要求。

4.1.2 干燥车箱板、格板、筛网、筛板、风斗应采用耐酸、不易氧化生锈、力学性能不低于 GB/T 3880.2 中 1060 的材料制造。

4.1.3 干燥车框架应除锈、涂防锈漆。

4.1.4 焊接应符合 NY/T 409 的规定。

4.1.5 风斗的焊缝应严密,不应有漏风的现象。

4.1.6 干燥车的铆接件不应有松动现象。

4.2 筛网、筛板

4.2.1 筛网应采用 GB/T 5330 中规定的网孔基本尺寸 3.5 mm～5.0 mm,金属丝直径应不小于 1 mm 的平纹编织方孔网。

4.2.2 筛板孔径 3.5 mm～5.0 mm,板厚应不小于 1 mm,筛网开孔率不少于 30%,孔位分布为由筛孔中心构成的等边三角形。

4.3 车轮、轮轴

4.3.1 干燥车车轮应采用力学性能不低于 GB/T 9439 中 HT200 的材料制造。

4.3.2 轮轴应采用力学性能不低于 GB/T 699 中 45 号钢的材料制造。

4.3.3 车轮及轮轴的轴承位直径尺寸偏差分别符合 GB/T 1800.2 中 J7 及 js7 的规定,轴承位表面粗糙度应不低于 GB/T 1031 规定的 Ra3.2。

4.3.4 干燥车轴承位应设有加油孔。

4.3.5 四轮对角线差、轮距偏差、同轴两轮中心线与箱体中心线偏差见表2。

表2 四轮对角线差、轮距偏差、同轴两轮中心线与箱体中心线偏差

单位为毫米

型号	四轮对角线差	轮距偏差	同轴两轮中心线与箱体中心线偏差
GZC-14×600×400×700-Y	3	±1.5	±1.5
GZC-20×600×400×400-W	3	±1.5	
GZC-20×680×340×365-W	3	±1.5	
GZC-24×600×400×400-W	3	±1.5	
GZC-24×680×340×365-W	3	±1.5	
GZC-28×600×400×400-W	4	±2.0	
GZC-28×680×340×365-W	4	±2.0	
GZC-28×600×400×700-Y	4	±2.0	±2.0

4.4 装配要求

4.4.1 干燥车的运动件应转动灵活,不应有阻滞、卡紧现象。

4.4.2 干燥车的密封胶皮长短应适宜,以确保密封效果。

4.4.3 车箱板下端与箱座接触处间隙不应大于1 mm。

5 试验方法

5.1 将干燥车置于水平的轨道上,检查其四轮应接触轨道,行走应平稳、顺畅。

5.2 光滑工件尺寸公差的检验按GB/T 3177的规定执行。

6 检验规则

6.1 干燥车检验合格后方能出厂。

6.2 出厂检验项目

a) 干燥车的技术参数应符合3.2的规定;
b) 干燥车的装配要求应符合4.4的规定。

6.3 干燥车应整机进行检验。

6.4 型式检验应符合NY/T 409的规定,检验项目按第4章的要求执行,数量不少于2台。

7 标志、包装、运输和贮存

产品标志、包装、运输和贮存应符合NY/T 409的规定。

ICS 65.060
B 91

中华人民共和国农业行业标准

NY/T 461—2010
代替 NY/T 461—2001

天然橡胶初加工机械　推进器

Machinery for primary processing of natural rubber—Pusher

2010-09-21 发布

2010-12-01 实施

中华人民共和国农业部 发布

前　言

本标准遵照 GB/T 1.1—2009 给出的规则起草。

本标准是天然橡胶初加工机械系列标准之一。该系列标准的其他标准为：

——NY 228—1994　标准橡胶打包机技术条件；

——NY 232.1—94　制胶设备基础件　辊筒；

——NY 232.2—94　制胶设备基础件　筛网；

——NY 232.3—94　制胶设备基础件　锤片；

——NY/T 262—2003　天然橡胶初加工机械　绉片机；

——NY/T 263—2003　天然橡胶初加工机械　锤磨机；

——NY/T 338—1998　天然橡胶初加工机械　五合一压片机；

——NY/T 339—1998　天然橡胶初加工机械　手摇压片机；

——NY/T 340—1998　天然橡胶初加工机械　洗涤机；

——NY/T 381—1999　天然橡胶初加工机械　压薄机；

——NY/T 408—2000　天然橡胶初加工机械产品质量分等；

——NY/T 409—2000　天然橡胶初加工机械　通用技术条件；

——NY/T 460—2010　天然橡胶初加工机械　干燥车；

——NY/T 462—2001　天然橡胶初加工机械　燃油炉；

——NY/T 926—2004　天然橡胶初加工机械　撕粒机；

——NY/T 927—2004　天然橡胶初加工机械　碎胶机；

——NY/T 1557—2007　天然橡胶初加工机械　干搅机；

——NY/T 1558—2007　天然橡胶初加工机械　干燥设备。

本标准代替 NY/T 461—2001《天然橡胶初加工机械　螺杆式推进器》。

本标准与 NY/T 461—2001 标准的主要变化如下：

——名称作了修改，将《天然橡胶初加工机械　螺杆式推进器》改为《天然橡胶初加工机械　推进器》；

——增加了链条式推进器的内容；

——修改了空载及负载的项目要求。

本标准由中华人民共和国农业部提出。

本标准由农业部热带作物及制品标准化技术委员会归口。

本标准由中国热带农业科学院农产品加工研究所负责起草，农业部热带作物机械质量监督检验测试中心参加起草。

本标准主要起草人：陆衡湘、刘培铭、陈成海、王金丽、朱德明。

本标准所代替标准的历次版本发布情况为：

——NY/T 461—2001。

天然橡胶初加工机械　推进器

1　范围

本标准规定了用于推动天然橡胶干燥车的推进器的型号规格、技术要求、试验方法、检验规则、标志、包装、运输和贮存。

2　规范性引用文件

下列文件对于本文件的应用是必不可少的。凡是注日期的引用文件,仅注日期的版本适用于本文件。凡是不注日期的引用文件,其最新版本(包括所有的修改单)适用于本文件。

GB/T 699　优质碳素结构钢

GB/T 1031　产品几何技术规范(GPS)　表面结构　轮廓法　表面粗糙度参数及其数值

GB/T 1176　铸造铜合金技术条件

GB/T 1243　传动用短节距精密滚子链、套筒链、附件和链轮

GB/T 1800.2　产品几何技术规范(GPS)　极限与配合　第2部分:标准公差等级和孔、轴极限偏差表

GB/T 9439　灰铸铁件

NY/T 409　天然橡胶初加工机械　通用技术条件

3　型号和技术规格

3.1　型号表示方法

型号按NY/T 409规定的方法进行编制,表示方法如下:

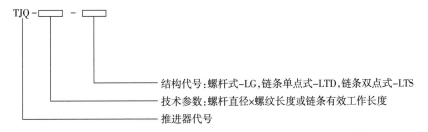

示例:

TJQ-70×2200-LG 表示推进器的螺杆直径为70 mm,螺杆螺纹长度为2 200 mm,螺杆式结构。

TJQ 1550 LTD 表示推进器的链条有效工作长度为1 550 mm,链条单点式结构。

TJQ-1550-LTS 表示推进器的链条有效工作长度为1 550 mm,链条双点式结构。

3.2　主要型号及技术规格见表1。

表1　主要型号及技术规格

单位为毫米

型　　号	螺杆直径	螺杆螺纹长度	链条有效工作长度
TJQ-1450-LTD			1 450
TJQ-1550-LTD			1 550
TJQ-1450-LTS			1 450
TJQ-1550-LTS			1 550

表 1（续）

型　号	螺杆直径	螺杆螺纹长度或	链条有效工作长度
TJQ-70×2200-LG	70	2 200	
TJQ-70×3466-LG	70	3 466	
TJQ-90×3200-LG	90	3 200	
TJQ-120×3200-LG	120	3 200	

4 技术要求

4.1 通用技术要求

4.1.1 推进器的性能与结构应符合驱动天然橡胶干燥车的要求,操作应方便、安全。

4.1.2 推进器的传动轴应采用力学性能不低于 GB/T 699 中 45 号钢的材料制造。

4.1.3 推进器的轴承座应采用力学性能不低于 GB/T 9439 中 HT200 的材料制造。

4.2 链条式推进器

4.2.1 链轮应采用力学性能不低于 GB/T 699 中 45 号钢的材料制造,符合 GB/T 1243 的规定。

4.2.2 链条应是合格产品,符合 GB/T 1243 的规定。

4.3 螺杆式推进器

4.3.1 螺杆

4.3.1.1 螺杆应采用力学性能不低于 GB/T 699 中 45 号钢的材料制造。

4.3.1.2 螺杆的轴承配合位直径及传动位直径的尺寸偏差应分别符合 GB/T 1800.2 中 js7 及 g8 的规定,螺杆的螺牙工作面表面粗糙度应不低于 GB/T 1031 中 Ra 3.2 的规定。

4.3.1.3 螺杆的螺纹径向全跳动公差值见表 2。

表 2　径向全跳动公差值

单位为毫米

型　号	全跳动公差值
TJQ-70×2200-LG	1.5
TJQ-70×3466-LG	2.0
TJQ-90×3200-LG	2.0
TJQ-120×3200-LG	2.0

4.3.2 螺母

4.3.2.1 螺母应采用机械性能不低于 GB/T 1176 中 ZCuAl10Fe3 的材料制造。

4.3.2.2 螺母的螺牙工作面表面粗糙度应不低于 GB/T 1031 中的 Ra 3.2。

4.4 安全防护

4.4.1 推进器电气装置应有可靠的接地设施,接地电阻应不大于 10 Ω。

4.4.2 推进器动力传动部位应有安全防护罩。

4.4.3 推进器机架部分应除锈,涂防锈漆,刷面漆。

4.5 装配要求

4.5.1 所有零部件应经检验合格,外购、外协件应有合格证明文件方可进行装配。

4.5.2 转动部件应灵活,无卡滞现象。

4.5.3 密封部位应无漏油现象。

5 试验方法

5.1 空载试验

5.1.1 空载试验在装配检验合格后进行,时间不应少于 2 h。

5.1.2 空载试验项目方法见表 3。

表 3 空载试验项目、方法和要求

序号	项 目	方 法	要 求
1	机械运行平稳性	感官	运转应平稳,无异常响声
2	链条与链轮,螺杆与螺母	目测	符合 4.5.2 的规定
3	电气装置	目测	灵敏可靠
4	安全防护	目测	符合 NY/T 409 的规定
5	减速箱	目测	无渗漏现象

5.2 负载试验

5.2.1 空载试验合格后,在生产现场进行满负载试验,试验时间不应少于 2 h。

5.2.2 负载试验项目方法见表 3。

6 检验规则

6.1 型式检验

6.1.1 按 NY/T 409 的规定进行型式检验。

6.1.2 按 NY/T 409 的规定进行抽样。

6.1.3 型式检验项目和判定规则见表 4。

表 4 型式检验项目和判定规则

不合格分类	检验项目	样本数	项目数	检查水平	样本大小字码	AQL	A_c	R_e
B	轴承位配合尺寸		2			25	1	2
	安全防护	2		S-1	A			
C	电器装置		3			40	2	3
	减速箱渗漏油							
	标志、技术文件							

6.2 出厂检验

6.2.1 每台产品应经检验合格后方能出厂。

6.2.2 出厂检验

a) 装配质量应符合 4.5 的要求;

b) 安全防护应符合 4.4 的要求;

c) 空载试验应符合 5.1 的要求。

7 标志、包装、运输和贮存

产品标志、包装、运输和贮存应符合 NY/T 409 的规定。

ICS 65.060.80
B 95

中华人民共和国农业行业标准

NY 1874—2010

制绳机械设备安全技术要求

Rope laying machinery technical means for ensuring safety

2010-05-20 发布

2010-09-01 实施

中华人民共和国农业部 发布

NY 1874—2010

前　言

本标准的第 4、5 章为强制性条款，其他为推荐性条款。

本标准由中华人民共和国农业部提出。

本标准由农业部热带作物及制品标准化技术委员会归口。

本标准起草单位：中国热带农业科学院农业机械研究所、农业部热带作物机械质量监督检验测试中心。

本标准主要起草人：王金丽、黄晖、李明福。

制绳机械设备安全技术要求

1 范围

本标准规定了以剑麻纤维为加工原料的制绳机械设备的有关术语和定义,以及设计、制造、安装、使用和维护等安全技术要求。

本标准适用于以剑麻纤维为加工原料的制绳机械设备的制造、安装和使用。

2 规范性引用文件

下列文件对于本文件的应用是必不可少的。凡是注日期的引用文件,仅注日期的版本适用于本文件。凡是不注日期的引用文件,其最新版本(包括所有的修改单)适用于本文件。

GB 2894 安全标志

GB 5226.1 机械安全 机械电气设备 第 1 部分:通用技术条件(GB 5226.1—2008,IEC 60204-1:2005,IDT)

GB/T 8196—2003 机械安全 防护装置 固定式和活动式防护装置设计与制造一般要求(ISO 14120:2002,MOD)

GB 12265.1—1997 机械安全 防止上肢触及危险区的安全距离

GB 12265.2 机械安全 防止下肢触及危险区的安全距离

GB/T 15706.1 机械安全 基本概念与设计通则 第 1 部分:基本术语、方法学

GB/T 15706.2—2007 机械安全 基本概念与设计通则 第 2 部分:技术原则(ISO 12100-2:2003,IDT)

GB 16754—2008 机械安全 急停 设计原则(ISO 13850:2006,IDT)

GB 18209.1—2000 机械安全 指示、标志和操作 第 1 部分:关于视觉、听觉和触觉信号的要求(IEC 61310-1:1995,IDT)

GB 18209.2—2000 机械安全 指示、标志和操作 第 2 部分:标志要求

NY/T 1036 热带作物机械 术语

3 术语和定义

GB/T 15706.1 和 NY/T 1036 界定的以及下列术语和定义适用于本标准。

3.1

制绳机械设备 rope laying machinery

将剑麻纤维加工成绳索的工艺过程中,使用的理麻机、并条机、纺纱机、制股机、制绳机等机械设备的总称。

3.2

安全标志 safety sign

用以表达特定安全信息的标志,由图形符号、安全色、几何形状(边框)或文字构成。

[GB 18209.1—2000,定义 3.24]

3.3

安全距离 safety distance

防护结构距危险区的最小距离。

[GB 12265.1—1997,定义 3.2]

4 主要危险一览表

制绳机械设备在安装、使用、维护及运输中可能产生的危险见表1。

表 1 主要危险一览表

序　号	危险种类	序　号	危险种类
1	剪切	12	机械、电气元件失灵
2	切割或切断	13	机器失去稳定性、倾倒
3	缠绕	14	机械元件抛射
4	引入或卷入	15	忽略电气防护
5	砸伤、碰撞	16	安装错误
6	刮伤、刺伤或扎伤	17	操作违规
7	挤压	18	漏电
8	冲击	19	噪声的危害
9	滑倒、绊倒	20	振动的危害
10	外露运动部件无防护装置	21	粉尘的危害
11	停机装置或安全装置失灵		

5 设计与制造

5.1 整体要求

5.1.1 机械设备的设计、制造应满足安全和可靠性的要求。

5.1.2 主要工作轴、齿轮、蜗轮、蜗杆、梳针、摆脚等零件的材料,应符合相应产品标准的要求。

5.1.3 机械设备及各零部件的外形应平整、光滑,易接触的外表不应有锐边、尖角。

5.1.4 各零部件的联接应牢固可靠,不应因振动等情况而产生松动。

5.1.5 旋转的摇篮、锭子装置应按设计要求做静平衡校验。

5.1.6 整机空载噪声应不大于 87 dB(A)。

5.1.7 操作装置应设计在设备明显位置,使用应方便、敏捷,执行动作应安全、准确、可靠。

5.1.8 润滑点应能清晰识别,容易接近,润滑剂补充方便;润滑油箱应有油量显示装置。

5.1.9 整机出厂前应进行空载试验,连续运行时间应不少于 30 min,并满足下列要求:
　　——紧固件不应松脱;
　　——运行平稳,无异常声响;
　　——运动部件运转灵活,无卡滞和碰擦现象;
　　——操作控制准确、安全、可靠。

5.2 运动部件

5.2.1 运动部件安全防护装置的设计应满足下列要求:
　　——操作者不易触及运转中的零部件;
　　——有足够的强度和刚度,满足人接触时不会使其产生变形或位移的要求;
　　——固定牢靠,无尖角和锐边;
　　——便于设备的使用操作、调节和保养,润滑时免拆卸。

5.2.2 除梳针外,其他运动部件如辊筒、传动轴、皮带传动、齿轮传动、链传动等应采用固定式防护装置;对摇篮、锭子装置、排线螺杆等应采用活动式防护装置。防护装置的设计与制造应符合 GB/T 8196—2003 中第 5 章的要求。

5.2.3 运行中可能发生抛射的运动部件,应在设计中采取防松装置。

5.2.4 采用安全距离进行防护时,安全距离应符合 GB 12265.1 和 GB 12265.2 的要求。

5.3 控制装置

5.3.1 调节机构、离合装置应操作方便、灵活,定位准确、可靠。

5.3.2 控制装置的设计应满足在动力中断后,只有通过手动才能重新启动的要求,启动应安全、快捷。

5.3.3 控制装置的配置和标记应明显可见、易识别。其安全设计应符合 GB/T 15706.2—2007 中 4.11 的要求。

5.3.4 停机装置应满足下列要求:
——操作者在正常工作位置上应可方便操作;
——标明操作目的和方法;
——停机操作件应为红色,并与其他操作件和背景有明显色差。

5.3.5 制绳机应有急停装置。急停装置的设计应符合 GB 16754—2008 中 4.4 的要求。

5.3.6 恒锭制绳机的摇篮人工制动装置,在动力切断时,制动时间应不大于 10 s。

5.4 电气装置

5.4.1 电气装置应符合 GB 5226.1 的有关要求。

5.4.2 每台设备均应设置总电源开关,电源开关应能锁紧在"关闭"位置。

5.4.3 电机启动按钮应有防止意外启动的功能。

5.4.4 设备应有可靠的接地保护装置,接地电阻应不大于 10 Ω。

5.4.5 电气控制系统应有短路、过载和失压保护装置,所采用的双回路控制应具有自检、联锁、互检功能。

5.4.6 电器元件应与电源电压、载荷及环境条件相适应。外购的电气元件应有产品合格证。

5.4.7 电气安装应牢固,线路连接应良好;导线接头应有防止松脱的装置,需要防震的电器及保护装置应有减振措施。

5.5 标志和标牌

5.5.1 机械设备的安全标志应符合 GB 18209.2—2000 中 4.3 的规定。在易产生危险的部位,应设置警示标志。警示标志应符合 GB 2894 的要求。

5.5.2 电气装置的标志应符合相应电气标志标准的规定。

5.5.3 在转动件附近,应用箭头和文字标明转向、最高转速等信息。

5.5.4 机械设备的标牌应包括以下内容:
——制造单位的名称与地址;
——产品名称与型号规格;
——主要技术参数(如转速);
——生产日期与出厂编号。

6 安装、使用与维护

6.1 使用说明书

6.1.1 制造单位应提供包括安装、使用和维护等内容的产品使用说明书。使用说明书应符合 GB/T 15706.2 的规定。

6.1.2 使用说明书的内容应至少包括:
——主要用途与适用范围;
——规格与技术参数;
——结构与工作原理;

——安装与调试方法；

——使用与操作安全说明；

——维护与保养方法；

——安全装置与调节装置描述；

——常见故障及排除方法；

——安全注意事项与禁用信息。

6.2 安装和维护

6.2.1 设备及控制装置和辅助设施的安装应在专业人员指导下，按产品使用说明书和设计要求进行。

6.2.2 安装设备的基础应能承受相应的载荷，表面平整。

6.2.3 对于重心偏移较大的设备，应有重心位置或吊装位置标识。必要时，应采取防倾翻措施。

6.2.4 设备安装后应进行试运行，并符合本标准5.1.9条的要求。

6.2.5 对急停装置、安全装置和离心旋转部件应进行定期检查。

6.2.6 在设备维护、保养前，应先切断动力，并采取有效警示措施，以避免发生安全事故。

6.3 使用操作

6.3.1 使用单位应按设备使用说明，制订安全操作规程。操作者应严格遵守安全操作规程。

6.3.2 新设备使用前，应对操作人员进行培训。操作人员应认真阅读"使用说明书"，了解设备的结构，熟悉其性能和安全操作方法。

6.3.3 开机前，应按要求做好设备的调整、保养和紧固件的检查工作。

6.3.4 工作前，应将设备空运行 3 min~5 min，确定无异常后再进行负载工作。

6.3.5 设备出现故障时，应立即停机，由专业人员对其进行检查和维修。

6.3.6 经常检查设备上的安全标志、操作指示。若有缺损，应及时补充或更换。

6.3.7 使用者不应随意改变设备技术状态和规定的使用条件。

————————————

ICS 65.060
B 92

中华人民共和国农业行业标准

NY/T 1875—2010

联合收割机禁用与报废技术条件

Prohibition and scrapping for combine-harvester

2010-05-20 发布
2010-09-01 实施

中华人民共和国农业部 发布

前　言

本标准的附录 A 为规范性附录,附录 B 为资料性附录。

本标准由中华人民共和国农业部提出。

本标准由全国农业机械标准化技术委员会农业机械化分技术委员会归口。

本标准起草单位:甘肃省农业机械鉴定站、甘肃农业大学、甘肃省定西市农机推广站。

本标准主要起草人:王天辰、潘卫云、程兴田、杨钦寿、杨朝军、杨启东、顾永平。

联合收割机禁用与报废技术条件

1 范围

本标准规定了联合收割机禁用与报废的技术要求和检测方法。

本标准适用于小麦、水稻和玉米联合收割机。

2 规范性引用文件

下列文件对于本文件的应用是必不可少的。凡是注日期的引用文件,仅注日期的版本适用于本文件。凡是不注日期的引用文件,其最新版本(包括所有的修改单)适用于本文件。

GB/T 6072.1—2008 往复式内燃机 性能 第1部分:功率、燃料消耗和机油消耗的标定及试验方法 通用发动机的附加要求(ISO 3046-1:2002,IDT)

GB/T 8097 收获机械 联合收割机 试验方法

GB 10395.7 农林拖拉机和机械 安全技术要求 第7部分:联合收割机、饲料和棉花收获机(GB 10395.7-2006,ISO 4254-7:1995,MOD)

GB/T 14248 收获机械 制动性能测定方法

GB/T 21961 玉米收获机械试验方法

JB/T 6268 自走式收获机械噪声测定方法

3 术语和定义

下列术语和定义适用于本标准。

3.1

自走式联合收割机 self-propelled combine-harvester

自带动力和行走系统的联合收割机。

3.2

悬挂式联合收割机 tractor-mounted combine-harveste

悬装在拖拉机上与拖拉机组成机组的联合收割机。

3.3

禁用 usage forbiddance

联合收割机因技术状况不良或安全性达不到规定要求而禁止其继续使用。

3.4

报废 discard as useless

联合收割机因使用年限长等原因导致技术状况恶化或安全性达不到规定不宜继续使用而作废。

3.5

功率允许值 allowable power

在用联合收割机发动机标定工况下功率的最低限值。

3.6

燃油消耗率允许值 allowable fuel consumption

在用联合收割机发动机标定工况下燃油消耗率的最高限值。

4 禁用技术要求

4.1 符合下列技术要求之一的自走式联合收割机应禁用。

4.1.1 实测功率修正值小于发动机功率允许值的。功率允许值按式(1)计算：

$$P_{yx} = 0.85P_{bd} \quad \cdots\cdots\cdots\cdots\cdots\cdots\cdots\cdots\cdots\cdots\cdots\cdots\cdots\cdots\cdots\cdots \quad (1)$$

式中：

P_{yx}——发动机功率允许值，单位为千瓦(kW)；

P_{bd}——发动机标定功率，单位为千瓦(kW)。

4.1.2 实测燃油消耗率修正值大于发动机燃油消耗率允许值的。燃油消耗率允许值按式(2)计算：

$$g_{yx} = 1.2g_{bd} \quad \cdots\cdots\cdots\cdots\cdots\cdots\cdots\cdots\cdots\cdots\cdots\cdots\cdots\cdots\cdots \quad (2)$$

式中：

g_{yx}——发动机燃油消耗率允许值，单位为克每千瓦时[g/(kW·h)]；

g_{bd}——发动机标定燃油消耗率，单位为克每千瓦时[g/(kW·h)]。

4.1.3 动态环境噪声和操作者操作位置处噪声大于表 1 中限值的。

表 1 自走式联合收割机噪声限值

驾驶室形式	动态环境噪声,dB(A)	操作者操作位置处噪声 (驾驶员耳位噪声),dB(A)
封闭驾驶室		85
普通驾驶室	87	93
无驾驶室或简易驾驶室		95

4.1.4 制动性能不符合表 2 要求的。

表 2 制动性能

型式	驻车制动性能	行车制动性能		制动稳定性
		制动初速度,km/h	制动距离,m	
轮式	在 20% 的纵向干硬平整坡道上可靠停驻	20（最高速度低于 20 km/h 的为最高速度）	制动器冷态时≤6 制动器热态时≤9	减速度≤4.5 m/s² 时，后轮不应跳起
履带式	在 25% 的纵向干硬平整坡道上可靠停驻	/	/	/

4.1.5 总损失率和破碎率指标大于表 3 要求的。

表 3 总损失率和破碎率指标

作物名称	指 标			
	作业条件		总损失率,%	破碎率,%
小麦	作物直立、草谷比为 0.8～1.2、籽粒含水率为 10%～20%、茎秆含水率为 10%～25%	全喂入	3.0	3.5
		半喂入	4.0	
水稻	作物直立、草谷比为 1.0～2.4、籽粒含水率为 15%～28%、茎秆含水率为 20%～60%		4.0	3.5
玉米	籽粒含水率为 25%～30%、植株倒伏率低于 5%、果穗下垂率低于 15%	收果穗	5.0	2.0
		收籽粒	6.0	3.5

4.1.6 安全装置不符合 GB 10395.7。

4.2 符合 4.1.5 和 4.1.6 技术要求之一的悬挂式联合收割机应禁用。

5 报废技术要求

5.1 符合下列条件之一的联合收割机应报废。

5.1.1 自走式联合收割机使用年限超过 12 年;悬挂式联合收割机使用年限超过 10 年。

5.1.2 自走式联合收割机使用年限不足 12 年,悬挂式联合收割机使用年限不足 10 年,经过修理,技术要求仍符合 4.1 的。

5.1.3 造成严重损坏无法修复的。

5.1.4 评估大修费用大于同种新产品价格 50% 的。

5.1.5 国家明令淘汰的。

6 检测方法

6.1 功率和燃油消耗率的检测

6.1.1 功率、燃油消耗率按照 GB/T 6072.1—2008 进行检测。

6.1.2 功率按式(3)修正。

$$P_{er} = \alpha P_{en} \quad \cdots\cdots\cdots\cdots\cdots\cdots\cdots\cdots\cdots\cdots\cdots\cdots\cdots\cdots\cdots\cdots\cdots\cdots (3)$$

式中:

P_{er}——实测功率修正值,单位为千瓦(kW);

α——功率的环境修正系数(附录 A);

P_{en}——标定工况下实测功率,单位为千瓦(kW)。

6.1.3 燃油消耗率按式(4)修正。

$$g_{er} = \beta g_{en} \quad \cdots\cdots\cdots\cdots\cdots\cdots\cdots\cdots\cdots\cdots\cdots\cdots\cdots\cdots\cdots\cdots\cdots\cdots (4)$$

式中:

g_{er}——实测燃油消耗率修正值,单位为克每千瓦时[g/(kW·h)];

β——燃油消耗率的环境修正系数;

g_{en}——标定工况下实测燃油消耗率,单位为克每千瓦时[g/(kW·h)]。

6.2 噪声按 JB/T 6268 测定。

6.3 驻车制动性能和行车制动性能按 GB/T 14248 检测。

6.4 小麦和水稻联合收割机的总损失率和破碎率按 GB/T 8097 检测;玉米联合收割机的总损失率和破碎率按 GB/T 21961 检测。

6.5 安全装置对照 GB 10395.7 检查。

附　录　A

（规范性附录）

发动机功率和燃油消耗率的环境修正系数

表 A.1

海拔高度 H,m	机械效率 η	现场温度 t ℃	相对湿度 Φ,%									
			100		80		60		40		20	
			α	β	α	β	α	β	α	β	α	β
0	0.75	0	1.106	0.982	1.108	0.982	1.109	0.981	1.112	0.981	1.113	0.981
		5	1.084	0.985	1.087	0.985	1.090	0.984	1.091	0.984	1.094	0.984
		10	1.063	0.988	1.066	0.988	1.069	0.988	1.072	0.987	1.076	0.987
		15	1.040	0.993	1.043	0.992	1.049	0.991	1.052	0.991	1.055	0.990
		20	1.016	0.997	1.021	0.996	1.027	0.995	1.033	0.994	1.038	0.993
		25	0.989	1.002	0.998	1.000	1.005	0.999	1.012	0.998	1.021	0.996
		27	0.978	1.004	0.986	1.003	0.996	1.001	1.005	0.999	1.014	0.997
		30	0.961	1.008	0.971	1.006	0.982	1.003	0.992	1.002	1.002	1.000
		32	0.948	1.010	0.960	1.008	0.971	1.006	0.984	1.003	0.995	1.001
		34	0.936	1.013	0.948	1.010	0.962	1.008	0.975	1.005	0.987	1.002
		36	0.922	1.016	0.937	1.013	0.951	1.010	0.963	1.007	0.980	1.004
0	0.78	0	1.103	0.986	1.105	0.984	1.106	0.984	1.108	0.984	1.110	0.984
		5	1.082	0.988	1.084	0.987	1.087	0.987	1.088	0.987	1.091	0.986
		10	1.061	0.991	1.064	0.990	1.067	0.990	1.070	0.989	1.074	0.989
		15	1.038	0.994	1.042	0.993	1.047	0.993	1.051	0.992	1.053	0.992
		20	1.015	0.998	1.020	0.997	1.026	0.996	1.032	0.995	1.037	0.994
		25	0.989	1.002	0.998	1.000	1.005	0.991	1.012	0.998	1.021	0.997
		27	0.978	1.004	0.987	1.002	0.996	1.001	1.005	0.999	1.013	0.980
		30	0.962	1.006	0.972	1.005	0.983	1.003	0.992	1.001	1.002	1.000
		32	0.950	1.009	0.961	1.007	0.972	1.005	0.984	1.003	0.995	1.001
		34	0.938	1.011	0.950	1.009	0.963	1.006	0.976	1.004	0.988	1.002
		36	0.924	1.013	0.938	1.011	0.953	1.008	0.964	1.006	0.981	1.003
0	0.80	0	1.010	0.986	1.103	0.986	1.104	0.986	1.106	0.986	1.108	0.986
		5	1.080	0.989	1.083	0.989	1.085	0.988	1.087	0.988	1.089	0.988
		10	1.060	0.992	1.062	0.991	1.066	0.991	1.069	0.990	1.072	0.990
		15	1.038	0.995	1.041	0.994	1.046	0.993	1.050	0.993	1.052	0.993
		20	1.015	0.998	1.020	0.997	1.026	0.995	1.032	0.995	1.037	0.995
		25	0.989	1.002	0.998	1.000	1.005	0.999	1.012	0.998	1.020	0.997
		27	0.979	1.003	0.987	1.002	0.995	1.002	1.005	0.999	1.013	0.998
		30	0.963	1.006	0.973	1.004	0.985	1.003	0.992	1.001	1.002	1.000
		32	0.951	1.008	0.962	1.005	0.973	1.004	0.984	1.002	0.995	1.001
		34	0.939	1.010	0.951	1.008	0.964	1.006	0.976	1.004	0.988	1.002
		36	0.926	1.012	0.940	1.010	0.953	1.007	0.965	1.005	0.981	1.003

表 A.1（续）

海拔高度 H,m	机械效率 η	现场温度 t ℃	相对湿度 Φ,%									
			100		80		60		40		20	
			α	β	α	β	α	β	α	β	α	β
100	0.75	0	1.089	0.985	1.090	0.984	1.092	0.984	1.094	0.984	1.096	0.983
		5	1.067	0.988	1.070	0.988	1.073	0.987	1.074	0.987	1.076	0.987
		10	1.046	0.992	1.049	0.991	1.053	0.991	1.055	0.990	1.059	0.989
		15	1.023	0.996	1.027	0.995	1.032	0.994	1.036	0.993	1.038	0.993
		20	0.999	1.000	1.004	0.999	1.011	0.998	1.017	0.997	1.022	0.996
		25	0.973	1.005	0.981	1.004	0.989	1.002	0.996	1.001	1.005	0.999
		27	0.962	1.008	0.970	1.006	0.980	1.004	0.989	1.002	0.998	1.000
		30	0.945	1.011	0.955	1.009	0.966	1.007	0.976	1.005	0.986	1.003
		32	0.932	1.014	0.944	1.011	0.955	1.009	0.968	1.006	0.979	1.004
		34	0.920	1.016	0.933	1.014	0.946	1.011	0.959	1.008	0.972	1.006
		36	0.908	1.020	0.921	1.016	0.935	1.013	0.948	1.010	0.964	1.007
100	0.78	0	1.087	0.987	1.088	0.987	1.089	0.987	1.092	0.986	1.093	0.986
		5	1.065	0.990	1.066	0.990	1.070	0.989	1.072	0.989	1.074	0.989
		10	1.045	0.993	1.047	0.993	1.051	0.992	1.054	0.992	1.057	0.991
		15	1.022	0.996	1.026	0.995	1.031	0.995	1.035	0.994	1.037	0.994
		20	0.999	1.000	1.004	0.999	1.010	0.998	1.017	0.997	1.021	0.997
		25	0.973	1.005	0.982	1.003	0.989	1.002	0.996	1.001	1.005	0.999
		27	0.963	1.006	0.971	1.005	0.981	1.003	0.989	1.002	0.998	1.000
		30	0.974	1.009	0.956	1.008	0.967	1.006	0.977	1.004	0.986	1.002
		32	0.934	1.012	0.946	1.009	0.957	1.007	0.969	1.005	0.979	1.003
		34	0.923	1.014	0.935	1.012	0.948	1.009	0.961	1.007	0.972	1.005
		36	0.909	1.017	0.923	1.014	0.937	1.011	0.949	1.009	0.966	1.006
100	0.80	0	1.085	0.988	1.086	0.988	1.087	0.988	1.090	0.988	1.091	0.988
		5	1.064	0.991	1.067	0.991	1.069	0.990	1.070	0.990	1.073	0.990
		10	1.044	0.994	1.046	0.993	1.050	0.993	1.053	0.993	1.056	0.992
		15	1.022	0.997	1.026	0.996	1.030	0.996	1.034	0.995	1.037	0.995
		20	0.999	1.000	1.004	0.999	1.010	0.998	1.016	0.998	1.021	0.997
		25	0.974	1.004	0.982	1.003	0.989	1.002	0.996	1.001	1.005	0.999
		27	0.963	1.006	0.972	1.004	0.981	1.003	0.989	1.002	0.998	1.000
		30	0.948	1.008	0.957	1.007	0.968	1.005	0.977	1.003	0.987	1.002
		32	0.935	1.010	0.947	1.008	0.958	1.007	0.969	1.005	0.980	1.003
		34	0.924	1.012	0.936	1.010	0.949	1.008	0.961	1.006	0.973	1.005
		36	0.911	1.015	0.925	1.012	0.938	1.010	0.950	1.008	0.966	1.006
200	0.75	0	1.074	0.987	1.076	0.987	1.077	0.986	1.080	0.986	1.081	0.986
		5	1.053	0.991	1.055	0.990	1.058	0.990	1.059	0.989	1.062	0.989
		10	1.032	0.994	1.034	0.994	1.038	0.993	1.041	0.993	1.045	0.992
		15	1.009	0.998	1.013	0.998	1.018	0.997	1.022	0.996	1.024	0.996
		20	0.985	1.003	0.991	1.002	0.997	1.001	1.003	0.999	1.008	0.998
		25	0.959	1.008	0.968	1.006	0.975	1.005	0.983	1.003	0.991	1.002
		27	0.948	1.010	0.957	1.009	0.967	1.007	0.975	1.005	0.984	1.003
		30	0.932	1.014	0.942	1.012	0.953	1.009	0.963	1.007	0.972	1.005
		32	0.919	1.017	0.931	1.014	0.942	1.012	0.954	1.009	0.965	1.007
		34	0.907	1.019	0.919	1.017	0.933	1.014	0.946	1.011	0.958	1.008
		36	0.893	1.023	0.908	1.019	0.922	1.016	0.934	1.013	0.951	1.010

表 A.1（续）

海拔高度 H,m	机械效率 η	现场温度 t ℃	相对湿度 Φ,%									
			100		80		60		40		20	
			α	β	α	β	α	β	α	β	α	β
200	0.78	0	1.072	0.989	1.074	0.989	1.075	0.989	1.077	0.988	1.079	0.988
		5	1.051	0.992	1.054	0.992	1.056	0.991	1.058	0.991	1.060	0.991
		10	1.031	0.995	1.033	0.995	1.037	0.994	1.040	0.994	1.044	0.993
		15	1.009	0.999	1.012	0.998	1.017	0.997	1.021	0.997	1.024	0.996
		20	0.986	1.002	0.991	1.002	0.997	1.001	1.003	0.999	1.008	0.999
		25	0.960	1.007	0.969	1.005	0.976	1.004	0.983	1.003	0.992	1.001
		27	0.949	1.009	0.958	1.007	0.968	1.006	0.976	1.004	0.984	1.003
		30	0.934	1.012	0.943	1.010	0.954	1.008	0.964	1.006	0.973	1.005
		32	0.921	1.014	0.933	1.012	0.944	1.010	0.956	1.008	0.966	1.006
		34	0.910	1.016	0.922	1.014	0.935	1.012	0.948	1.009	0.959	1.007
		36	0.896	1.019	0.910	1.016	0.924	1.013	0.936	1.011	0.953	1.008
200	0.80	0	1.071	0.990	1.072	0.990	1.073	0.990	1.076	0.989	1.077	0.989
		5	1.050	0.993	1.053	0.993	1.055	0.992	1.057	0.992	1.059	0.992
		10	1.030	0.996	1.033	0.995	1.037	0.995	1.039	0.994	1.043	0.994
		15	1.009	0.999	1.012	0.998	1.017	0.997	1.021	0.997	1.023	0.997
		20	0.986	1.002	0.991	1.001	0.997	1.000	1.003	1.000	1.008	0.999
		25	0.961	1.006	0.969	1.005	0.976	1.004	0.983	1.003	0.992	1.001
		27	0.950	1.008	0.959	1.006	0.968	1.005	0.976	1.004	0.985	1.002
		30	0.935	1.010	0.944	1.009	0.955	1.007	0.964	1.006	0.974	1.004
		32	0.923	1.013	0.934	1.010	0.945	1.009	0.956	1.007	0.967	1.005
		34	0.911	1.014	0.923	1.012	0.936	1.010	0.949	1.008	0.960	1.006
		36	0.989	1.017	0.912	1.014	0.926	1.012	0.937	1.010	0.953	1.007
400	0.75	0	1.045	0.992	1.047	0.992	1.048	0.991	1.051	0.991	1.052	0.991
		5	1.024	0.996	1.027	0.995	1.029	0.995	1.031	0.994	1.033	0.994
		10	1.003	0.999	1.006	0.999	1.010	0.998	1.012	0.998	1.016	0.997
		15	0.981	1.004	0985	1.003	0.990	1.002	0.994	1.001	0.996	1.001
		20	0.958	1.008	0.963	1.007	0.969	1.006	0.975	1.005	0.980	1.004
		25	0.931	1.014	0.940	1.012	0.948	1.010	0.955	1.009	0.964	1.007
		27	0.921	1.016	0.929	1.014	0.939	1.012	0.948	1.010	0.957	1.009
		30	0.905	1.020	0.915	1.018	0.929	1.015	0.935	1.013	0.945	1.011
		32	0.892	1.023	0.904	1.020	0.915	1.018	0.927	1.015	0.938	1.012
		34	0.880	1.026	0.892	1.023	0.906	1.020	0.919	1.017	0.931	1.014
		36	0.866	1.029	0.881	1.026	0.895	1.022	0.908	1.019	0.924	1.015
400	0.78	0	1.044	0.993	1.045	0.993	1.046	0.993	1.049	0.992	1.050	0.992
		5	1.023	0.996	1.026	0.996	1.028	0.995	1.030	0.995	1.032	0.995
		10	1.003	0.999	1.006	0.999	1.010	0.998	1.012	0.998	1.016	0.997
		15	0.981	1.003	0.985	1.002	0.990	1.002	0.994	1.001	0.996	1.001
		20	0.959	1.007	0.964	1.006	0.970	1.005	0.976	1.004	0.981	1.003
		25	0.933	1.012	0.942	1.010	0.949	1.009	0.956	1.008	0.965	1.006
		27	0.923	1.014	0.931	1.012	0.941	1.010	0.949	1.009	0.958	1.007
		30	0.908	1.017	0.917	1.015	0.928	1.013	0.937	1.011	0.947	1.009
		32	0.895	1.019	0.909	1.017	0.918	1.015	0.929	1.013	0.940	1.011
		34	0.884	1.022	0.896	1.019	0.909	1.017	0.922	1.014	0.933	1.012
		36	0.870	1.025	0.884	1.022	0.898	1.019	0.910	1.016	0.927	1.013

表 A.1（续）

海拔高度 H,m	机械效率 η	现场温度 t ℃	相对湿度 Φ,%									
			100		80		60		40		20	
			α	β	α	β	α	β	α	β	α	β
400	0.80	0	1.043	0.994	1.044	0.994	1.046	0.994	1.048	0.993	1.049	0.993
		5	1.023	0.997	1.025	0.996	1.028	0.996	1.029	0.996	1.032	0.995
		10	1.003	1.000	1.006	0.999	1.009	0.999	1.012	0.998	1.016	0.998
		15	0.982	1.003	0.985	1.002	1.990	1.001	0.994	1.001	0.996	1.001
		20	0.960	1.006	0.965	1.005	0.971	1.005	0.977	1.004	0.981	1.003
		25	0.935	1.010	0.943	1.009	0.950	1.008	0.957	1.007	0.966	1.005
		27	0.921	1.012	0.935	1.011	0.942	1.009	0.950	1.008	0.939	1.006
		30	0.909	1.015	0.919	1.013	0.929	1.011	0.939	1.010	0.948	1.008
		32	0.897	1.017	0.909	1.015	0.919	1.013	0.931	1.011	0.941	1.009
		34	0.886	1.019	0.897	1.017	0.909	1.015	0.923	1.012	0.935	1.010
		36	0.873	1.022	0.886	1.019	0.900	1.016	0.912	1.014	0.928	1.012
600	0.75	0	1.015	0.997	1.016	0.997	1.017	0.997	1.020	0.996	1.021	0.996
		5	0.994	1.001	0.996	1.001	0.999	1.000	1.000	1.000	1.003	0.999
		10	0.974	1.005	0.976	1.005	0.980	1.004	0.983	1.003	0.987	1.003
		15	0.951	1.010	0.955	1.009	0.960	1.008	0.964	1.007	0.967	1.006
		20	0.929	1.015	0.934	1.013	0.940	1.012	0.946	1.011	0.951	1.010
		25	0.903	1.020	0.912	1.018	0.919	1.017	0.926	1.015	0.935	1.013
		27	0.892	1.023	0.901	1.021	0.911	1.019	0.919	1.017	0.928	1.015
		30	0.876	1.027	0.886	1.024	0.897	1.022	0.907	1.019	0.917	1.017
		32	0.864	1.030	0.876	1.027	0.887	1.024	0.899	1.021	0.910	1.019
		34	0.852	1.033	0.864	1.030	0.878	1.026	0.891	1.023	0.903	1.020
		36	0.838	1.036	0.853	1.033	0.868	1.029	0.880	1.026	0.897	1.022
600	0.78	0	1.014	0.998	1.015	0.997	1.017	0.997	1.019	0.997	1.021	0.997
		5	0.994	1.001	0.997	1.001	0.999	1.000	1.000	1.000	1.003	1.000
		10	0.974	1.004	0.997	1.004	0.981	1.003	0.983	1.003	0.987	1.002
		15	0.953	1.008	0.957	1.007	0.962	1.007	0.965	1.006	0.968	1.005
		20	0.931	1.012	0.936	1.011	0.942	1.010	0.948	1.009	0.953	1.008
		25	0.906	1.017	0.914	1.015	0.921	1.014	0.929	1.013	0.937	1.011
		27	0.895	1.019	0.904	1.018	0.913	1.016	0.922	1.014	0.930	1.012
		30	0.880	1.022	0.890	1.020	0.900	1.018	0.910	1.016	0.919	1.014
		32	0.868	1.025	0.879	1.023	0.890	1.020	0.902	1.018	0.913	1.016
		34	0.856	1.028	0.868	1.025	0.881	1.022	0.894	1.019	0.906	1.017
		36	0.843	1.031	0.957	1.027	0.871	1.024	0.883	1.022	0.000	1.018
600	0.80	0	1.014	0.998	1.015	0.998	1.016	0.998	1.019	0.997	1.020	0.997
		5	0.994	1.001	0.997	1.001	0.999	1.000	1.000	1.000	1.003	1.000
		10	0.975	1.004	0.997	1.003	0.981	1.003	0.983	1.003	0.987	1.002
		15	0.954	1.007	0.957	1.007	0.962	1.006	0.966	1.005	0.968	1.005
		20	0.932	1.011	0.937	1.010	0.943	1.009	0.949	1.008	0.954	1.007
		25	0.907	1.015	0.916	1.014	0.923	1.012	0.930	1.011	0.938	1.010
		27	0.897	1.017	0.906	1.016	0.915	1.014	0.922	1.012	0.932	1.011
		30	0.882	1.020	0.892	1.018	0.902	1.016	0.912	1.014	0.921	1.013
		32	0.870	1.022	0.882	1.020	0.892	1.018	0.904	1.016	0.914	1.014
		34	0.859	1.024	0.871	1.022	0.884	1.020	0.892	1.017	0.908	1.015
		36	0.846	1.027	0.860	1.024	0.874	1.022	0.885	1.019	0.901	1.016

表 A.1（续）

海拔高度 H,m	机械效率 η	现场温度 t ℃	相对湿度 Φ,%									
			100		80		60		40		20	
			α	β	α	β	α	β	α	β	α	β
800	0.75	0	0.984	1.003	0.985	1.003	0.987	1.003	0.989	1.002	0.991	1.002
		5	0.964	1.007	0.966	1.007	0.969	1.006	0.970	1.006	0.973	1.005
		10	0.944	1.011	0.946	1.014	0.950	1.010	0.953	1.009	0.957	1.009
		15	0.922	1.016	0.926	1.015	0.931	1.014	0.935	1.013	0.973	1.013
		20	0.900	1.021	0.905	1.021	0.911	1.018	0.917	1.017	0.922	1.016
		25	0.974	1.027	0.883	1.025	0.890	1.023	0.898	1.022	0.907	1.019
		27	0.964	1.030	0.972	1.028	0.882	1.025	0.891	1.023	0.900	1.021
		30	0.848	1.034	0.858	1.031	0.869	1.029	0.879	1.026	0.889	1.024
		32	0.835	1.037	0.848	1.034	0.859	1.031	0.871	1.028	0.882	1.025
		34	0.824	1.040	0.836	1.037	0.850	1.033	0.863	1.030	0.875	1.027
		36	0.811	1.044	0.825	1.040	0.840	1.036	0.852	1.033	0.869	1.029
800	0.78	0	0.984	1.003	0.986	1.002	0.987	1.002	0.990	1.002	0.991	1.002
		5	0.965	1.006	0.967	1.006	0.970	1.005	0.971	1.005	0.974	1.004
		10	0.945	1.010	0.948	1.009	0.952	1.008	0.954	1.008	0.958	1.007
		15	0.921	1.013	0.928	1.013	0.933	1.012	0.937	1.011	0.937	1.011
		20	0.903	1.018	0.907	1.017	0.914	1.016	0.920	1.014	0.925	1.013
		25	0.878	1.023	0.886	1.021	0.894	1.021	0.901	1.018	0.909	1.016
		27	0.868	1.025	0.876	1.023	0.886	1.021	0.894	1.020	0.903	1.018
		30	0.853	1.029	0.862	1.026	0.873	1.024	0.882	1.022	0.892	1.020
		32	0.840	1.031	0.852	1.029	0.863	1.026	0.875	1.024	0.885	1.021
		34	0.829	1.034	0.841	1.031	0.854	1.028	0.867	1.025	0.879	1.023
		36	0.816	1.037	0.830	1.034	0.884	1.030	0.856	1.028	0.873	1.024
800	0.80	0	0.985	1.002	0.986	1.002	0.987	1.002	0.990	1.002	0.991	1.001
		5	0.965	1.005	0.968	1.005	0.970	1.005	0.972	1.004	0.974	1.004
		10	0.946	1.008	0.949	1.008	0.853	1.007	0.955	1.007	0.959	1.006
		15	0.926	1.021	0.929	1.011	0.934	1.010	0.938	1.010	0.940	1.009
		20	0.904	1.016	0.909	1.015	0.915	1.014	0.921	1.013	0.926	1.012
		25	0.880	1.020	0.888	1.019	0.896	1.017	0.903	1.016	0.911	1.015
		27	0.870	1.022	0.878	1.021	0.888	1.019	0.896	1.017	0.904	1.016
		30	0.855	1.025	0.865	1.023	0.875	1.021	0.885	1.019	0.894	1.018
		32	0.843	1.028	0.855	1.025	0.865	1.023	0.877	1.021	0.888	1.019
		34	0.832	1.030	0.844	1.028	0.857	1.025	0.870	1.022	0.881	1.020
		36	0.819	1.033	0.833	1.030	0.847	1.027	0.859	1.024	0.875	1.021
1 000	0.75	0	0.955	1.009	0.956	1.009	0.957	1.008	0.960	1.008	0.961	1.008
		5	0.935	1.013	0.937	1.013	0.940	1.012	0.941	1.012	0.944	1.011
		10	0.915	1.018	0.918	1.017	0.922	1.016	0.924	1.015	0.928	1.015
		15	0.894	1.022	0.898	1.022	0.903	1.020	0.907	1.019	0.909	1.019
		20	0.872	1.028	0.877	1.027	0.883	1.025	0.890	1.023	0.895	1.022
		25	0.847	1.034	0.855	1.032	0.863	1.030	0.870	1.028	0.979	1.026
		27	0.836	1.037	0.845	1.035	0.855	1.032	0.864	1.030	0.872	1.028
		30	0.821	1.041	0.831	1.038	0.842	1.036	0.852	1.033	0.862	1.030
		32	0.809	1.045	0.821	1.041	0.832	1.038	0.844	1.035	0.855	1.032
		34	0.797	1.048	0.810	1.045	0.823	1.041	0.836	1.037	0.849	1.034
		36	0.784	1.052	0.798	1.048	0.813	1.044	0.825	1.040	0.842	1.035

表 A.1（续）

海拔高度 H,m	机械效率 η	现场温度 t ℃	相对湿度 Φ,%									
			100		80		60		40		20	
			α	β	α	β	α	β	α	β	α	β
1 000	0.78	0	0.956	1.008	0.957	1.007	0.959	1.007	0.961	1.007	0.962	1.006
		5	0.937	1.001	0.939	1.011	0.942	1.010	0.943	1.010	0.946	1.009
		10	0.918	1.015	0.920	1.014	0.924	1.014	0.927	1.013	0.930	1.012
		15	0.897	1.019	0.901	1.018	0.906	1.017	0.909	1.016	0.912	1.016
		20	0.876	1.023	0.881	1.022	0.887	1.021	0.893	1.020	0.898	1.019
		25	0.851	1.029	0.860	1.027	0.867	1.025	0.874	1.024	0.883	1.022
		27	0.841	1.031	0.850	1.029	0.859	1.027	0.868	1.025	0.876	1.023
		30	0.826	1.035	0.836	1.032	0.847	1.030	0.856	1.028	0.866	1.026
		32	0.814	1.038	0.826	1.035	0.837	1.032	0.849	1.029	0.859	1.027
		34	0.803	1.040	0.815	1.037	0.828	1.034	0.841	1.031	0.853	1.028
		36	0.790	1.044	0.804	1.040	0.818	1.037	0.830	1.034	0.847	1.030
1 000	0.80	0	0.957	1.007	0.958	1.007	0.959	1.006	0.962	1.006	0.963	1.006
		5	0.938	1.010	0.940	1.009	0.943	1.009	0.944	1.009	0.947	1.008
		10	0.919	1.013	0.922	1.013	0.925	1.012	0.928	1.012	0.932	1.011
		15	0.899	1.017	0.903	1.016	0.907	1.015	0.911	1.015	0.914	1.014
		20	0.878	1.021	0.883	1.020	0.889	1.019	0.895	1.018	0.900	1.017
		25	0.854	1.025	0.862	1.024	0.869	1.022	0.877	1.021	0.885	1.019
		27	0.844	1.027	0.852	1.026	0.862	1.024	0.870	1.022	0.878	1.021
		30	0.830	1.031	0.839	1.029	0.849	1.026	0.859	1.024	0.868	1.023
		32	0.818	1.033	0.829	1.031	0.840	1.028	0.851	1.026	0.862	1.024
		34	0.807	1.036	0.819	1.033	0.831	1.030	0.844	1.028	0.856	1.025
		36	0.794	1.039	0.808	1.035	0.822	1.032	0.833	1.030	0.850	1.026
1 200	0.75	0	0.925	1.015	0.927	1.015	0.928	1.015	0.931	1.014	0.932	1.014
		5	0.906	1.020	0.908	1.019	0.911	1.018	0.912	1.018	0.915	1.018
		10	0.887	1.024	0.889	1.024	0.893	1.023	0.896	1.022	0.900	1.021
		15	0.866	1.029	0.870	1.028	0.875	1.027	0.879	1.026	0.881	1.026
		20	0.844	1.035	0.849	1.034	0.856	1.032	0.862	1.030	0.867	1.029
		25	0.819	1.042	0.828	1.039	0.836	1.037	0.843	1.035	0.852	1.033
		27	0.809	1.045	0.818	1.042	0.828	1.039	0.836	1.037	0.845	1.035
		30	0.794	1.049	0.804	1.046	0.815	1.043	0.825	1.040	0.835	1.037
		32	0.782	1.053	0.794	1.049	0.805	1.046	0.817	1.042	0.828	1.039
		34	0.771	1.056	0.783	1.053	0.796	1.048	0.810	1.045	0.822	1.041
		36	0.757	1.061	0.772	1.056	0.786	1.051	0.798	1.048	0.815	1.043
1 200	0.78	0	0.928	1.013	0.929	1.013	0.930	1.02	0.933	1.012	0.934	1.012
		5	0.909	1.017	0.911	1.016	0.914	1.016	0.915	1.015	0.918	1.015
		10	0.890	1.020	0.893	1.020	0.896	1.019	0.899	1.019	0.903	1.018
		15	0.870	1.025	0.873	1.024	0.878	1.023	0.882	1.022	0.885	1.022
		20	0.849	1.029	0.854	1.028	0.860	1.027	0.866	1.026	0.871	1.024
		25	0.825	1.035	0.833	1.033	0.840	1.031	0.848	1.030	0.856	1.028
		27	0.815	1.038	0.823	1.035	0.833	1.033	0.841	1.031	0.850	1.029
		30	0.800	1.041	0.810	1.039	0.820	1.036	0.830	1.034	0.839	1.032
		32	0.788	1.044	0.800	1.041	0.811	1.039	0.822	1.036	0.833	1.033
		34	0.777	1.047	0.789	1.044	0.802	1.041	0.815	1.037	0.827	1.035
		36	0.764	1.051	0.778	1.047	0.792	1.043	0.804	1.040	0.821	1.036

表 A.1（续）

海拔高度 H,m	机械效率 η	现场温度 t ℃	相对湿度 Φ,%									
			100		80		60		40		20	
			α	β	α	β	α	β	α	β	α	β
1 200	0.80	0	0.929	1.011	0.930	1.011	0.932	1.011	0.994	1.011	0.935	1.010
		5	0.910	1.015	0.913	1.014	0.915	1.014	0.917	1.014	0.919	1.013
		10	0.892	1.018	0.895	1.018	0.898	1.017	0.901	1.016	0.905	1.016
		15	0.872	1.022	0.876	1.021	0.881	1.020	0.884	1.019	0.887	1.019
		20	0.852	1.026	0.856	1.025	0.862	1.024	0.868	10.23	0.873	1.022
		25	0.828	1.031	0.836	1.029	0.843	1.028	0.850	1.026	0.859	1.024
		27	0.818	1.033	0.826	1.031	0.835	1.029	0.844	1.027	0.852	1.026
		30	0.804	1.036	0.813	1.034	0.824	1.032	0.833	1.030	0.842	1.028
		32	0.792	1.039	0.804	1.035	0.814	1.034	0.826	1.031	0.836	1.029
		34	0.781	1.042	0.793	1.039	0.806	1.036	0.819	1.033	0.830	1.030
		36	0.769	1.045	0.783	1.041	0.796	1.038	0.808	1.035	0.824	1.032
1 400	0.75	0	0.898	1.022	0.899	1.021	0.900	1.021	0.903	1.020	0.904	1.020
		5	0.878	1.026	0.881	1.025	0.884	1.025	0.885	1.025	0.887	1.024
		10	0.860	1.031	0.862	1.030	0.866	1.029	0.869	1.029	0.873	1.028
		15	0.839	1.036	0.845	1.035	0.848	1.034	0.852	1.033	0.854	1.032
		20	0.818	1.042	0.823	1.041	0.829	1.039	0.835	1.037	0.840	1.036
		25	0.793	1.049	0.802	1.047	0.809	1.045	0.817	1.042	0.826	1.040
		27	0.783	1.052	0.792	1.050	0.802	1.047	0.810	1.044	0.819	1.042
		30	0.768	1.057	0.778	1.054	0.789	1.051	0.799	1.048	0.809	1.045
		32	0.756	1.061	0.768	1.057	0.779	1.054	0.791	1.050	0.802	1.047
		34	0.746	1.065	0.757	1.061	0.771	1.056	0.784	1.052	0.796	1.048
		36	0.732	1.069	0.746	1.064	0.761	1.059	0.773	1.056	0.790	1.050
1 400	0.78	0	0.900	1.018	0.902	1.018	0.903	1.018	0.906	1.017	0.907	1.017
		5	0.882	1.022	0.884	1.022	0.887	1.021	0.888	1.021	0.891	1.020
		10	0.864	1.026	0.866	1.025	1.870	1.025	0.873	1.024	0.876	1.023
		15	0.844	1.031	0.847	1.030	0.852	1.029	0.856	1.028	0.859	1.027
		20	0.823	1.035	0.828	1.034	0.834	1.033	0.840	1.031	0.845	1.030
		25	0.799	1.041	0.808	1.039	0.815	1.037	0.822	1.036	0.831	1.034
		27	0.789	1.044	0.798	1.042	0.807	1.039	0.816	1.037	0.824	1.035
		30	0.775	1.048	0.784	1.045	0.795	1.042	0.805	1.040	0.814	1.038
		32	0.763	1.051	0.775	1.048	0.786	1.045	0.797	1.042	0.808	1.039
		34	0.752	1.054	0.764	1.051	0.777	1.047	0.790	1.044	0.802	1.041
		36	0.740	1.058	0.754	1.054	0.768	1.050	0.780	1.047	0.796	1.042
1 400	0.80	0	0.902	1.106	0.904	1.016	0.905	1.016	0.907	1.015	0.909	1.013
		5	0.884	1.020	0.887	1.019	0.889	1.019	0.890	1.018	0.893	1.018
		10	0.866	1.023	0.869	1.023	0.872	1.022	0.875	1.021	0.879	1.021
		15	0.847	1.027	0.850	1.026	0.855	1.025	0.859	1.024	0.861	1.024
		20	0.826	1.031	0.831	1.030	0.837	1.029	0.843	1.028	0.848	1.027
		25	0.803	1.037	0.811	1.035	0.818	1.033	0.826	1.031	0.834	1.030
		27	0.793	1.039	0.802	1.037	0.811	1.035	0.819	1.033	0.828	1.031
		30	0.779	1.042	0.789	1.040	0.799	1.037	0.808	1.035	0.818	1.033
		32	0.767	1.045	0.779	1.042	0.790	1.040	0.801	1.037	0.812	1.035
		34	0.757	1.048	0.769	1.045	0.781	1.042	0.794	1.039	0.806	1.036
		36	0.744	1.051	0.758	1.047	0.772	1.044	0.784	1.041	0.800	1.037

表 A.1（续）

海拔高度 H,m	机械效率 η	现场温度 t ℃	相对湿度 Φ,%									
			100		80		60		40		20	
			α	β	α	β	α	β	α	β	α	β
1 600	0.75	0	0.870	1.028	0.871	1.028	0.872	1.028	0.875	1.027	0.876	1.027
		5	0.851	1.033	0.853	1.033	0.856	1.032	0.857	1.031	0.860	1.031
		10	0.832	1.038	0.835	1.037	0.839	1.036	0.842	1.036	0.845	1.035
		15	0.812	1.044	0.816	1.043	0.821	1.041	0.825	1.040	0.827	1.039
		20	0.791	1.050	0.796	1.048	0.803	1.047	0.809	1.045	0.814	1.043
		25	0.767	1.057	0.776	1.055	0.783	1.052	0.791	1.050	0.799	1.047
		27	0.757	1.063	0.766	1.058	0.776	1.056	0.784	1.052	0.793	1.049
		30	0.742	1.066	0.752	1.062	0.763	1.059	0.773	1.056	0.783	1.052
		32	0.730	1.070	0.742	1.066	0.753	1.062	0.766	1.058	0.777	1.054
		34	0.719	1.074	0.732	1.069	0.745	1.065	0.758	1.060	0.771	1.056
		36	0.706	1.079	0.721	1.073	0.735	1.068	0.747	1.064	0.764	1.058
1 600	0.78	0	0.873	1.024	0.875	1.024	0.876	1.023	0.878	1.023	0.880	1.023
		5	0.855	1.028	0.858	1.027	0.860	1.027	0.861	1.027	0.864	1.026
		10	0.837	1.032	0.840	1.031	0.844	1.031	0.846	1.030	0.850	1.029
		15	0.818	1.037	0.821	1.036	0.826	1.035	0.830	1.034	0.833	1.033
		20	0.797	1.042	0.802	1.041	0.808	1.039	0.814	1.038	0.819	1.036
		25	0.774	1.048	0.782	1.046	0.790	1.044	0.797	1.042	0.805	1.040
		27	0.764	1.051	0.773	1.049	0.782	1.046	0.791	1.044	0.799	1.041
		30	0.750	1.055	0.759	1.052	0.770	1.049	0.780	1.047	0.789	1.044
		32	0.738	1.059	0.750	1.055	0.761	1.052	0.778	1.049	0.783	1.046
		34	0.728	1.062	0.739	1.058	0.752	1.054	0.765	1.051	0.777	1.047
		36	0.715	1.066	0.729	1.061	0.743	1.057	0.755	1.054	0.771	1.049
1 600	0.80	0	0.876	1.021	0.877	1.021	0.878	1.021	0.882	1.020	0.882	1.020
		5	0.858	1.025	0.860	1.024	0.863	1.024	0.864	1.023	0.867	1.023
		10	0.840	1.028	0.843	1.028	0.847	1.027	0.849	1.026	0.853	1.026
		15	0.821	1.032	0.825	1.032	0.830	1.031	0.833	1.030	0.836	1.029
		20	0.801	1.037	0.806	1.036	0.812	1.035	0.818	1.033	0.823	1.032
		25	0.778	1.042	0.786	1.040	0.793	1.039	0.801	1.037	0.809	1.035
		27	0.769	1.045	0.777	1.043	0.786	1.040	0.795	1.039	0.803	1.037
		30	0.755	1.048	0.764	1.046	0.774	1.043	0.784	1.041	0.793	1.039
		32	0.743	1.052	0.755	1.048	0.765	1.046	0.777	1.043	0.787	1.040
		34	0.733	1.054	0.744	1.051	0.757	1.048	0.770	1.045	0.781	1.042
		36	0.720	1.058	0.734	1.054	0.748	1.050	0.759	1.047	0.776	1.043
1 800	0.75	0	0.843	1.035	0.844	1.035	0.846	1.035	0.848	1.034	0.850	1.033
		5	0.824	1.040	0.827	1.040	0.830	1.039	0.831	1.038	0.834	1.038
		10	0.807	1.045	0.809	1.045	0.813	1.044	0.816	1.043	0.819	1.042
		15	0.787	1.051	0.790	1.050	0.796	1.049	0.799	1.047	0.802	1.047
		20	0.766	1.058	0.771	1.056	0.777	1.054	0.784	1.052	0.789	1.051
		25	0.742	1.066	0.751	1.063	0.758	1.060	0.766	1.058	0.775	1.055
		27	0.732	1.069	0.741	1.066	0.751	1.063	0.760	1.060	0.768	1.057
		30	0.718	1.074	0.728	1.071	0.739	1.067	0.748	1.064	0.758	1.060
		32	0.706	1.079	0.718	1.074	0.729	1.070	0.741	1.066	0.752	1.062
		34	0.695	1.083	0.707	1.078	0.721	1.072	0.734	1.069	0.746	1.064
		36	0.682	1.088	0.697	1.082	0.711	1.077	0.723	1.072	0.740	1.066

表 A. 1（续）

海拔 高度 H,m	机械 效率 η	现场 温度 t ℃	相对湿度 Φ,%									
			100		80		60		40		20	
			α	β	α	β	α	β	α	β	α	β
1 800	0.78	0	0.848	1.030	0.849	1.029	0.850	1.029	0.853	1.028	0.854	1.028
		5	0.830	1.034	0.832	1.033	0.835	1.033	0.836	1.032	0.839	1.032
		10	0.812	1.038	0.815	1.038	0.818	1.037	0.821	1.036	0.825	1.035
		15	0.793	1.043	0.797	1.042	0.801	1.041	0.805	1.040	0.808	1.039
		20	0.773	1.048	0.778	1.047	0.784	1.045	0.790	1.044	0.795	1.043
		25	0.750	1.055	0.758	1.053	0.765	1.051	0.773	1.049	0.781	1.046
		27	0.740	1.058	0.748	1.055	0.758	1.053	0.767	1.050	0.775	1.048
		30	0.726	1.062	0.735	1.059	0.746	1.056	0.756	1.053	0.765	1.051
		32	0.714	1.066	0.726	1.062	0.737	1.059	0.749	1.055	0.759	1.052
		34	0.704	1.069	0.716	1.065	0.729	1.061	0.742	1.057	0.754	1.054
		36	0.691	1.074	0.705	1.069	0.720	1.064	0.731	1.061	0.748	1.056
1 800	0.80	0	0.850	1.026	0.852	1.026	0.853	1.026	0.855	1.025	0.857	1.025
		5	0.833	1.030	0.835	1.029	0.838	1.029	0.839	1.029	0.842	1.028
		10	0.816	1.034	0.818	1.033	0.822	1.032	0.824	1.032	0.828	1.031
		15	0.797	1.038	0.800	1.037	0.805	1.036	0.809	1.035	0.811	1.035
		20	0.777	1.043	0.782	1.042	0.788	1.040	0.794	1.039	0.799	1.038
		25	0.754	1.049	0.763	1.046	0.770	1.045	0.777	1.043	0.785	1.041
		27	0.745	1.051	0.753	1.049	0.763	1.046	0.771	1.044	0.779	1.042
		30	0.731	1.055	0.740	1.052	0.751	1.049	0.760	1.047	0.770	1.045
		32	0.720	1.058	0.731	1.055	0.742	1.052	0.753	1.049	0.764	1.046
		34	0.709	1.061	0.721	1.058	0.734	1.054	0.747	1.051	0.758	1.048
		36	0.697	1.065	0.711	1.061	0.725	1.057	0.736	1.053	0.752	1.049
2 000	0.75	0	0.816	1.043	0.818	1.042	0.819	1.042	0.822	1.041	0.823	1.041
		5	0.798	1.048	0.801	1.047	0.803	1.046	0.805	1.046	0.807	1.045
		10	0.781	1.053	0.783	1.052	0.787	1.051	0.790	1.050	0.794	1.049
		15	0.761	1.059	0.765	1.058	0.770	1.057	0.774	1.055	0.776	1.054
		20	0.741	1.066	0.746	1.065	0.752	1.062	0.758	1.060	0.763	1.059
		25	0.717	1.075	0.726	1.071	0.733	1.069	0.741	1.066	0.750	1.063
		27	0.707	1.078	0.716	1.075	0.726	1.071	0.735	1.068	0.743	1.065
		30	0.693	1.084	0.703	1.080	0.714	1.076	0.724	1.072	0.734	1.069
		32	0.681	1.089	0.693	1.084	0.704	1.079	0.717	1.075	0.728	1.071
		34	0.671	1.093	0.683	1.088	0.696	1.083	0.710	1.077	0.722	1.073
		36	0.658	1.098	0.672	1.092	0.687	1.086	0.699	1.081	0.716	1.075
2 000	0.78	0	0.822	1.036	0.823	1.035	0.824	1.035	0.827	1.035	0.828	1.034
		5	0.804	1.040	0.807	1.040	0.809	1.039	0.810	1.039	0.813	1.038
		10	0.787	1.045	0.790	1.044	0.793	1.043	0.796	1.042	0.800	1.041
		15	0.768	1.050	0.772	1.049	0.777	1.047	0.780	1.046	0.783	1.046
		20	0.748	1.055	0.753	1.054	0.759	1.052	0.765	1.051	0.770	1.049
		25	0.725	1.062	0.734	1.060	0.741	1.058	0.748	1.055	0.757	1.053
		27	0.716	1.065	0.724	1.063	0.734	1.060	0.742	1.057	0.751	1.055
		30	0.702	1.070	0.712	1.067	0.722	1.063	0.732	1.060	0.741	1.057
		32	0.690	1.074	0.702	1.070	0.713	1.066	0.725	1.063	0.736	1.059
		34	0.680	1.078	0.692	1.073	0.705	1.069	0.718	1.065	0.730	1.061
		36	0.668	1.082	0.682	1.077	0.696	1.072	0.708	1.068	0.724	1.063

表 A.1（续）

海拔高度 H,m	机械效率 η	现场温度 t ℃	相对湿度 Φ,%									
			100		80		60		40		20	
			α	β	α	β	α	β	α	β	α	β
2 000	0.80	0	0.825	1.032	0.826	1.031	0.828	1.031	0.830	1.030	0.831	1.030
		5	0.808	1.035	0.810	1.035	0.813	1.034	0.814	1.034	0.817	1.033
		10	0.791	1.039	0.793	1.039	0.797	1.038	0.800	1.037	0.803	1.036
		15	0.772	1.044	0.776	1.043	0.781	1.042	0.785	1.041	0.787	1.040
		20	0.753	1.049	0.758	1.048	0.764	1.046	0.770	1.045	0.775	1.043
		25	0.731	1.055	0.739	1.053	0.746	1.051	0.753	1.049	0.761	1.047
		27	0.721	1.058	0.730	1.055	0.739	1.053	0.747	1.050	0.756	1.048
		30	0.708	1.062	0.717	1.059	0.728	1.056	0.737	1.053	0.746	1.051
		32	0.696	1.065	0.708	1.061	0.718	1.058	0.730	1.055	0.741	1.052
		34	0.686	1.068	0.698	1.064	0.711	1.061	0.723	1.057	0.735	1.054
		36	0.674	1.072	0.688	1.068	0.702	1.063	0.713	1.060	0.729	1.055

附　录　B

（资料性附录）

发动机功率允许值和实测功率修正值、燃油消耗率允许值和实测燃油消耗率修正值计算示例

某台收割机发动机标定功率为 40.4 kW,标定燃油消耗率为 258.4 g/(kW·h),机械效率为 0.8,测定时现场温度为 32℃,相对湿度为 60%,海拔高度为 800 m,实测功率为 36.00 kW,实测燃油消耗率为 308.00 g/(kW·h),计算该环境条件下的功率允许值和实际值、燃油消耗率允许值和实际值。

解:查附录 A 表 A.1,得修正系数 α、β

$\alpha = 0.865$　　$\beta = 1.023$

由公式(1)计算出功率允许值:$P_{yx} = 0.85 \times 40.4 = 34.34$ kW

将 α 代入本标准计算公式(3)中,求得实测功率修正值:$P_{er} = 0.865 \times 36.00 = 31.14$ kW

由公式(2)计算出燃油消耗率允许值:$g_{yx} = 1.2 \times 258.4 = 310.08$ g/(kW·h)

将 β 代入本标准计算公式(4)中,求得实测燃油消耗率修正值:$g_{er} = 1.023 \times 308.00 = 315.084$ g/(kW·h)

在上述环境条件下,测得该发动机实测功率修正值 P_{er} 低于 34.34 kW,实测燃油消耗率修正值 g_{er} 高于 310.08 g/(kW·h),应禁止其使用。

ICS 65.060.40

B 91

中华人民共和国农业行业标准

NY/T 1876—2010

喷杆式喷雾机安全施药技术规范

Technical criterion for safety application of boom sprayers

2010-05-20 发布

2010-09-01 实施

中华人民共和国农业部 发布

前　言

本标准的附录 A、附录 B 和附录 C 为资料性附录。

本标准由中华人民共和国农业部提出。

本标准由全国农业机械标准化技术委员会农业机械化分技术委员会归口。

本标准负责起草单位:吴江市农林局。

本标准参加起草单位:农业部南京农业机械化研究所、山东华盛中天机械集团有限公司。

本标准主要起草人:张伟秋、罗成定、陈长松、王忠群、郭丽。

喷杆式喷雾机安全施药技术规范

1 范围

本标准规定了喷杆式喷雾机(以下简称"喷雾机")进行农作物病虫草害防治时的安全施药技术规范。

本标准适用于悬挂、牵引和自走3种型式的喷雾机的喷雾作业。

2 规范性引用文件

下列文件中的条款通过本标准的引用而成为本标准的条款。凡是注日期的引用文件,其随后所有的修改单(不包括勘误的内容)或修订版均不适用于本标准,然而,鼓励根据本标准达成协议的各方研究是否可使用这些文件的最新版本。凡是不注日期的引用文件,其最新版本适用于本标准。

GB 12475 农药贮运、销售和使用的防毒规程

3 操作人员安全防护

3.1 操作人员应年满18岁,经过施药技术培训,并熟悉施药机具、农药、农艺等相关知识。

3.2 配制药液、施药、调整、清洗和维护喷雾机时应身着长袖衣裤、鞋袜并佩戴口罩和手套。

3.3 老、弱、病、残、皮肤损伤未愈者及妇女哺乳期、孕期、经期不应进行施药操作。

3.4 施药过程中严禁吸烟、饮水、进食,避免用手接触嘴和眼睛。

3.5 操作人员每天连续作业时间不应超过6h。如有头痛、头昏、恶心、呕吐等身体不适现象,应立即离开施药现场,严重者应及时到医院诊治。

3.6 施药工作全部完毕后,应及时换下工作服并妥善处置。及时清洗手、脸等裸露部分的皮肤,并用清水漱口。

4 施药前准备

4.1 农药的选择

4.1.1 根据作物的生长期、病虫草害种类和危害程度,在当地植保部门的帮助下选择合适的农药剂型。

4.1.2 选择的农药应是经过农药管理部门登记注册的合格产品。购买时应查看产品标签和使用说明。标签和使用说明上应包含以下信息:

 a) 农药名称、企业名称、农药登记证、生产许可证和产品执行标准;

 b) 农药的有效成分、含量、产品理化性能、毒性、防治对象、使用剂量、施药方法;

 c) 生产日期、产品质量保证期和安全注意事项等;

 d) 分装农药应注明分装单位。

4.1.3 明确防治对象,保障作物的安全性,确定对家畜、有益昆虫和环境的安全性。

4.2 施药时机的选择

4.2.1 根据作物和病虫草害等有害生物的生长发育阶段决定最佳的施药时间。

4.2.2 按照农药标签和使用说明中标明的施药时间和较低剂量施药。

4.2.3 作业时气温应低于30℃。喷除草剂时风速应低于2 m/s,喷杀虫剂、杀菌剂时风速应低于4 m/s,风速大于4 m/s及雨天、大雾或露水多时不应施药。不同风速下施药方式的选择参见附录A。大田作物进行超低量喷雾时,不应在晴天中午有上升气流时进行。若喷药后2 h内有降雨,应根据农药产品

标签和使用说明的规定重新喷药。

4.2.4 严禁操作人员逆风喷洒农药。

4.3 喷雾机的准备

4.3.1 喷雾机的选择

    a) 喷雾机应有检验合格证,并应通过国家规定的 3C 认证。

    b) 根据不同作物、不同生长期选择适合机型,参见附录 B。

4.3.2 喷雾机的调整

    a) 喷雾机与拖拉机的联接应安全可靠,所有联接部位应有安全销。悬挂式喷雾机连接后应调节上拉杆长度,使喷雾机在工作时雾流处于垂直状态;牵引式喷雾机连接前应调节牵引杆长度,以保证转弯时不损坏喷雾机。

    b) 根据喷雾机的喷杆型式选择适合的喷头,喷头安装间距和作业时离地高度应按作物行距和作物高度来决定。

    c) 喷雾机至少应有三级过滤。即:加水口过滤(有自动加水功能的喷雾机应有吸水滤网)、喷雾主管路过滤、喷头过滤。

    d) 按说明书规定的要求对机器进行试运转,并对液泵及各运动件加注机油、黄油,对轮胎充气。

    e) 保持喷雾机外露转动件及高温部件的安全防护装置和安全标志完好。

    f) 喷雾机喷头处应安装防滴装置。

4.4 药液配制

4.4.1 施药量超过喷雾机药液箱容量时,取喷雾机药液箱额定容量 80% 左右的清水加到药液箱中,将每箱实际所需的农药量加入药液箱的水中并搅匀。用剩余 20% 左右的水分 2 次~3 次冲洗加药用具,将冲洗水全部加入喷雾机药液箱中,搅匀后即可喷洒。

4.4.2 施药量不足 1 箱药液时,取施药量 80% 左右的清水加到药液箱中,将所需喷洒的农药加入药液箱的水中并搅匀。用剩余 20% 左右的水分 2 次~3 次冲洗加药用具,将冲洗水全部加入喷雾机药液箱中,搅匀后即可喷洒。

4.4.3 自动加水的喷雾机应先在药液箱中加少量清水,再按使用说明书要求启动机器加水,同时将农药按一定比例倒入药液箱;对于乳油和可湿性粉剂一类的农药,应事先在小容器内加水混合成乳剂或糊状物,然后倒入药液箱。

4.5 作业参数的计算

    喷雾机作业参数的计算参见附录 C。

5 喷药操作

5.1 启动前,将液泵调压手柄推至卸压位置,然后逐渐加大拖拉机油门至液泵额定转速,再将液泵调压手柄推至加压位置,将泵压调至额定工作压力,打开截止阀开始工作。

5.2 横喷杆喷雾机和气流辅助喷杆喷雾机喷洒除草剂时,喷头离地高度为 0.5 m。喷杀虫剂和杀菌剂时,喷头离作物高度为 0.3 m。

5.3 作业时驾驶员应使机具匀速行进。一旦发现喷头堵塞、泄漏或其他故障应及时停机排除。

5.4 无喷幅标识装置的喷雾机喷约时应在田间设立喷幅标志,以免重喷或漏喷。

5.5 停机时,应先将液泵调压手柄推至卸压位置,然后关闭截止阀停机。

5.6 田间转移时,应切断输出轴动力,将喷杆折叠并固定好。悬挂式喷杆喷雾机行进速度应不大于 12 km/h;牵引式喷杆喷雾机行进速度应不大于 20 km/h。

6 施药后的处理

6.1 安全标记

6.1.1 喷药工作结束后应在喷药区明示警示标记。

6.1.2 在农药标签或使用说明上标注的安全间隔期内,如果需立即进入喷药区,应采取一定的防护措施后方可进入。家禽不得进入喷雾区。

6.1.3 警示标记在安全间隔期后方可撤销。

6.2 喷雾机的清洗和保养

6.2.1 每班次作业后,应在田间用清水仔细清洗药液箱、过滤器、喷头、液泵、管路等部件。

6.2.2 下一个班次如更换药剂,应先用浓碱水清洗喷雾机至少3次,再用清水冲洗干净。

6.2.3 泵的保养按使用说明书的要求进行。

6.2.4 当防治季节过后,喷雾机长期存放时,应清洗并清除泵内及管道内的积水,防止冬季冻坏机件。

6.2.5 拆下喷头清洗干净并保存好,同时将喷杆上的喷头座孔封好,以免杂物、小虫进入。

6.2.6 牵引式喷杆喷雾机应将轮胎充足气,并用垫木将轮胎架空。

6.2.7 将喷雾机放在干燥通风机库内,避免露天存放或与农药、酸、碱等腐蚀性物质放在一起。

6.3 剩余药液的处理

6.3.1 把剩余稀释药液和清洗液喷洒到预留的未施药作物上。

6.3.2 剩余的农药制剂应有牢靠的容器包装以及清晰的标识,以避免运输过程中发生事故。

6.4 空农药包装容器的处置

6.4.1 农药取用完毕后,用清水对空农药包装容器至少清洗3次。

6.4.2 空农药包装容器严禁作为它用,应集中无害化处理,不得随意丢弃。

6.5 农药的贮存

6.5.1 应按GB 12475的有关要求制定正确的贮存计划以及良好的农药贮存管理措施。待处置的农药应保存在标签完整的原容器内。

6.5.2 没有使用的农药应放回仓库或保存处存放,包装破损的农药应该全部转入到干净的、已粘贴完整农药标签的替代容器内存放。

附　录　A

(资料性附录)

不同风速特征下的喷雾方式选择

A.1　不同风速特征下的喷雾方式选择

不同风速特征下的喷雾方式选择见表 A.1。

表 A.1　不同风速特征下的喷雾方式选择

风力等级	种类	大概风速 m/s	可见征象	喷雾方式
0	无风	0.0~0.2	静、烟直上	针对性喷雾
1	软风	0.3~1.5	烟能显示风向	漂移性喷雾
2	轻风	1.6~3.3	人面感觉有风,树叶有微响	低量或常量喷雾
3	微风	3.4~5.4	旌旗展开	常量喷雾,避免施洒除草剂
4	和风	5.5~7.9	能吹起地面灰尘和纸张,树枝摇动	不应喷雾

附 录 B

（资料性附录）

不同作物不同生长期的适合机型

B.1 不同作物不同生长期的适合机型

不同作物不同生长期的适合机型见表 B.1。

表 B.1 不同作物不同生长期的适合机型

喷杆型式	适用作物	生 长 期
横喷杆	小麦、棉花、大豆、玉米等旱田作物	播前、播后苗前的全面喷雾、作物生长前期的除草及病虫害防治
吊挂喷杆	棉花、玉米等	作物生长中后期的病虫害防治
气流辅助喷杆	棉花、玉米、小麦、大豆等旱田作物	作物生长中后期的病虫害防治、生物调节剂的喷洒等

附 录 C
(资料性附录)
作业参数的计算

C.1 作业参数的计算

C.1.1 施药量

C.1.1.1 应根据作物种类和生长期、病虫草害的种类以及施药面积大小,提前做好计划,确定需用的农药量(参照产品标签和农药使用说明的规定),并根据不同的喷雾机和施药方法,确定加水量,最后计算出田间施药量。

C.1.1.2 根据喷雾机药液箱容量,计算每箱药液需要的农药剂量。操作者应使用准确的计量器具。

C.1.2 喷头喷雾量

根据使用说明书中明示的或喷雾机标定的喷头在单位时间内的喷雾量来确定。

C.1.3 机组行走速度

喷药前应计算机组行走速度。如机组实际行走速度与计算值有差值,可通过增减油门或换档来调整速度。机组行走速度见计算公式(C.1):

$$V = \frac{600Q}{qB} \quad\quad\quad\quad (C.1)$$

式中:

V——机组行走速度,单位为千米每小时(km/h);

Q——喷雾机全部喷头的总流量,单位为升每分钟(L/min);

q——农艺要求的田间施药液量,单位为升每公顷(L/hm²);

B——喷雾机的喷幅,单位为米(m)。

C.1.4 喷头流量校核

喷药前应对喷头进行喷量测定和校核。测定时,药液箱装入清水,喷雾机以工作状况喷雾,待喷雾稳定后,用量杯或其他容器在每个喷头处接水 1 min,重复 3 次,测出实际喷头喷量。如果喷量误差超过5%,应调换喷头后再测,直到所有喷头喷量误差小于5%为止。

按公式(C.2)计算实际施药量误差率 W。

$$W = \frac{|q_S - q_L|}{q_L} \times 100 \quad\quad\quad\quad (C.2)$$

式中:

W——误差率;

q_S——实际喷头流量,单位为升每分钟(L/min);

q_L——理论喷头流量,单位为升每分钟(L/min)。

ICS 65.060
T 60

中华人民共和国农业行业标准

NY/T 1877—2010

轮式拖拉机质心位置测定
质量周期法

Measurement methods for location of Centre of wheeled tractor mass—
Mass periods methods

2010-05-20 发布

2010-09-01 实施

中华人民共和国农业部 发布

NY/T 1877—2010

前　言

本标准的附录 A 和附录 B 为资料性附录。

本标准由中华人民共和国农业部提出。

本标准由全国农业机械标准化技术委员会农业机械化分技术委员会归口。

本标准起草单位：农业部农业机械试验鉴定总站、湖南省农业机械鉴定站、中国一拖集团有限公司。

本标准主要起草人：于桂英、耿占斌、吴文科、张素洁、刘勤、王国梁。

轮式拖拉机质心位置测定 质量周期法

1 范围

本标准规定了轮式拖拉机质心位置测定的术语和定义、测定条件和测定方法。

本标准适用于轮式拖拉机;其他轮式农业机械可参照执行。

2 术语和定义

下列术语和定义适用于本标准。

2.1

轮式拖拉机 wheeled tractor

通过车轮行走的两轴(或多轴)拖拉机。

2.2

轴距 wheel base

分别通过拖拉机同侧前、后车轮接地中心点,并垂直于纵向中心面和支承面的两平面间的距离。

2.3

轮距 wheel tread

同轴线上左、右车轮接地中心点之间的距离。

2.4

拖拉机纵向中心平面 medium longitudinal plane of tractor

同一轴上左、右车轮接地中心点连线的垂直平分面,接地中心点为通过车轮轴线所作支承面的铅垂面与车轮中心面的交线在支承面上的交点。

2.5

质心高度坐标 vertical coordinate of the centre of tractor mass

拖拉机质心到支承面的距离。

2.6

质心纵向坐标 horizontal coordinate of the centre of tractor mass

拖拉机质心到通过后轮轴线的铅垂面的水平距离。

2.7

质心横向坐标 lateral coordinate of the centre of tractor mass

拖拉机质心到纵向中心面的距离。

顺拖拉机前进方向看,质心在拖拉机纵向中心平面左侧时规定为正值,反之为负值。

2.8

最小使用质量 minimum operation mass

按规定加足各种油料(燃油、润滑油、液压油)和冷却液并有驾驶员和随车工具、无可拆卸配重(轮胎内无注水)时的拖拉机质量。

3 被测参数的准确度及仪器设备

被测参数的准确度应满足表1的要求,试验用仪器设备应经过计量检定或校准合格,且在有效期内。

表 1　被测参数的准确度要求

序　号	测量参数	单　位	准确度
1	时间周期	s	±0.000 1 s
2	距离	mm	±1 mm
3	质量	kg	±2 kg
4	轮胎气压	kPa	±5 kPa

4　测定条件

4.1　拖拉机应清洗干净,并处于最小使用质量状态。

4.2　轮胎气压应符合制造厂说明书规定。如果轮胎气压规定的是一个范围,则用最高的推荐压力。当拖拉机装用充液轮胎时,则应按制造厂说明书规定进行充液。

4.3　驾驶座调整到中间位置,驾驶座正中放置 75 kg 重块代替驾驶员。

4.4　拖拉机应处于直线行驶位置,应采取措施锁定拖拉机不移动,悬挂下拉杆处于水平状态。

5　测定方法

5.1　拖拉机质量测定

拖拉机质量用称量装置测定。

5.2　质心纵向坐标的测定

5.2.1　用称量装置测量拖拉机的前后轴荷。

5.2.2　用式(1)计算质心纵向坐标。

$$x = \frac{m_f}{m} \cdot L \quad\cdots\cdots\cdots\cdots\cdots\cdots\cdots\cdots\cdots\cdots\cdots\cdots\cdots\cdots \quad (1)$$

式中:

x——质心纵向坐标,单位为毫米(mm);

m_f——拖拉机前轴的轴荷,单位为千克(kg);

m——拖拉机质量,单位为千克(kg);

L——拖拉机轴距,单位为毫米(mm)。

5.3　质心横向坐标的测定

5.3.1　用称量装置测量拖拉机的左右轮荷。

5.3.2　用式(2)计算质心横向坐标。

$$y = \left(\frac{m_l}{m} - 0.5\right) \cdot \frac{(B_c + B_q)}{2} \quad\cdots\cdots\cdots\cdots\cdots\cdots\cdots\cdots\cdots\cdots \quad (2)$$

式中:

y——拖拉机质心横向坐标,单位为毫米(mm);

B_c——拖拉机前轮距,单位为毫米(mm);

B_q——拖拉机后轮距,单位为毫米(mm);

m_l——拖拉机左侧车轮的轮荷,单位为千克(kg)。

5.4　质心高度坐标的测定

5.4.1　质心高度采用质量周期法在质心高度试验台上测定。试验装置如图 1 所示。

5.4.2　将拖拉机开到摇摆架平台上,使拖拉机质心水平位置对准摇摆架平台几何中心线,应拉紧驻车

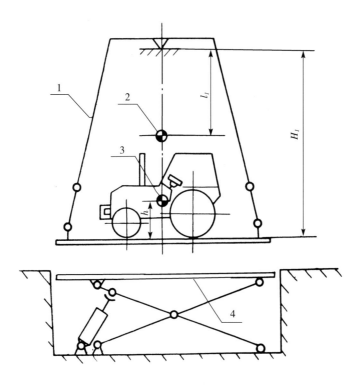

1——摇摆架；   3——拖拉机质心；
2——摆架质心；   4——举升平台。

图 1 质量周期法测量原理示意图

制动器,并用三角木楔卡住前后轮轮胎外缘,以防止车轮滚动或晃动。

5.4.3 升起平台,挂上四条长摆的钢链,仔细检查是否挂妥,以确保安全。

5.4.4 降下平台,使摇摆架作自由微摆动,摆动角度在±1°范围内。稳定后连续测量10个长摆摆振周期,记录摆振周期平均值;试验应进行3次,各次的摆振周期平均值之差应不大于±0.000 5 s。

5.4.5 长摆测定后,再次升起平台,使平台升高至设计规定的短摆高度,挂上四条短摆的钢链,重复第5.4.4条,记录短摆摆振周期平均值。按式(3)～式(6)计算拖拉机质心高度坐标 h。

$$h = \frac{W - A}{C} \quad\cdots\cdots\cdots\cdots\cdots\cdots\cdots\cdots\cdots\cdots\cdots (3)$$

$$A = 4\pi^2 \left[J_{s1} - J_{s2} + m(H_1^2 - H_2^2) \right] \cdots\cdots\cdots\cdots\cdots\cdots (4)$$

$$W = T_1^2 g(m_0 l_1 + mH_1) - T_2^2 g(m_0 l_2 + mH_2) \quad\cdots\cdots\cdots (5)$$

$$C = mg(T_1^2 - T_2^2) - 8\pi^2 m(H_1 - H_2) \cdots\cdots\cdots\cdots\cdots (6)$$

式中:

h——质心高度,单位为毫米(mm);

T_1——试验测得的长摆周期平均值,单位为秒(s);

T_2——试验测得的短摆周期平均值,单位为秒(s);

m_0——摇摆架质量,单位为千克(kg);

g——重力加速度,单位为毫米每平方秒(mm/s²);

l_1、l_2——分别为长摆和短摆时,摇摆架质心到悬吊刀口的垂直距离,单位为毫米(mm);

H_1、H_2——分别为长摆和短摆时,摇摆架平台至悬吊刀口的垂直距离,单位为毫米(mm);

J_{s1}、J_{s2}——分别为长摆和短摆时,摇摆架本身绕悬吊刀口的转动惯量,单位为千克平方毫米(kg·mm²)。

5.5 质心高度试验台参数的确定和校准方法参见附录 A。

6 试验报告

试验结束后,编制试验报告,格式参见附录 B。

附　录　A

（资料性附录）

质心高度试验台参数的确定和校准方法

A.1　试验台校准原理

A.1.1 利用质心高度已知的标准质量块放置成典型车辆的质心高度,其中,应包括试验台所测量的最小质量、最大质量及中间常用质量,来求解试验台参数,并对试验台进行校准。

A.1.2 标准质量块的设计应满足以下条件:
　　——质量块尺寸要尽可能相等,保证质心高度一致;
　　——每块质量块密度均匀。

A.1.3 根据质心高度的摆振测量原理,列出应标定的台架参数为:J_{s1}、J_{s2}、$m_0 l_1$、$m_0 l_2$、H_1、H_2。
　　——H_1、H_2 利用三角法(经纬仪法)或其他方法实测确定;
　　——J_{s1}、J_{s2}、$m_0 l_1$、$m_0 l_2$ 利用已知质心高度的标准质量块组合反推法求解。

A.2　校准方法

　　质心高度坐标用式(A.1)~式(A.5)解出。

$$[J_s + J_c + m_z(H-h)^2]\theta'' + [m_z g(H-h) + m_0 gl]\theta = 0 \quad\cdots\cdots\cdots\cdots\cdots (A.1)$$

$$h = \frac{W-A}{C} \quad\cdots\cdots\cdots\cdots\cdots\cdots\cdots\cdots\cdots (A.2)$$

$$A = 4\pi^2[J_{s1} - J_{s2} + m_z(H_1^2 - H_2^2)] \quad\cdots\cdots\cdots\cdots\cdots (A.3)$$

$$W = T_1^2 g(m_0 l_1 + m_z H_1) - T_2^2 g(m_0 l_2 + m_z H_2) \quad\cdots\cdots\cdots\cdots (A.4)$$

$$C = m_z g(T_1^2 - T_2^2) - 8\pi^2 m_z(H_1 - H_2) \quad\cdots\cdots\cdots\cdots\cdots (A.5)$$

　　式中:

　　m_z——标准质量块组合的质量,单位为千克(kg);

　　J_s——平台摆架本身绕刀口的转动惯量,单位为千克平方毫米(kg·mm²);

　　J_c——车辆绕自身质心的转动惯量,单位为千克平方毫米(kg·mm²);

　　l——平台摆架的质心到刀口的距离,单位为毫米(mm);

　　H——试验台平台到刀口的距离,单位为毫米(mm)。

A.3　校准步骤

A.3.1 利用三角法(经纬仪法)或其他方法测定 H_1、H_2,绝对误差应不大于±1 mm。

A.3.2 测定空载长摆周期 T_{01}、短摆周期 T_{02},准确度应达到±0.0001 s,重复测 30 次以上求平均值。每 10 次摆动周期平均值之差应不大于±0.0005 s。

　　空载长、短摆时:

$$J_{s1} = \frac{T_{01}^2 m_0 gl_1}{4\pi^2} \quad\cdots\cdots\cdots\cdots\cdots\cdots\cdots\cdots (A.6)$$

$$J_{s2} = \frac{T_{02}^2 m_0 gl_2}{4\pi^2} \quad\cdots\cdots\cdots\cdots\cdots\cdots\cdots\cdots (A.7)$$

　　将式(A.6)和式(A.7)代入式(A.3)中得式(A.8):

$$A = T_{01}{}^2 m_0 g l_1 - T_{02}{}^2 m_0 g l_2 + 4\pi^2 m(H_1{}^2 - H_2{}^2) \quad\text{……………}\quad (A.8)$$

$$W - A = m_0 g l_1 (T_1{}^2 - T_{01}{}^2) - m_0 g l_2 (T_2{}^2 - T_{02}{}^2) + T_1{}^2 m g H_1$$
$$- T_2{}^2 m g H_2 - 4\pi^2 m(H_1{}^2 - H_2{}^2) \quad\text{……………}\quad (A.9)$$

$$h \cdot C = W - A \quad\text{……………}\quad (A.10)$$

A.3.3 用标准质量块放置成典型车辆的质心高度,然后测定此时的长、短摆周期 T_{a1}、T_{a2},将已知的 m_a、h_a 和 T_{a1}、T_{a2} 代入式(A.10)中,得式(A.11):

$$h_a \cdot C_a = W_a - A_a \quad\text{……………}\quad (A.11)$$

A.3.4 再用另一组重量的砝码放置成另一质心高度,重复以上试验,测定长、短摆周期 T_{b1}、T_{b2},同理,得式(A.12):

$$h_b \cdot C_b = W_b - A_b \quad\text{……………}\quad (A.12)$$

同理,得式(A.13):

$$h_c \cdot C_c = W_c - A_c \quad\text{……………}\quad (A.13)$$

以上三个方程组中有两个未知数,两两组合解方程组,可利用 matlab 解矩阵方程的方法求解。得出三组 J_{s1}、J_{s2}、$m_0 l_1$、$m_0 l_2$,将三组解求平均值,至此试验台参数求出,将试验台参数全部代入式(A.2)中,就可以得到质心高度公式。

附　录　B

（资料性附录）

拖拉机质心试验报告

制造厂名称与地址：_____

拖拉机型式：_____型号：_____

出厂编号：_____

发动机型号：_____　　　　出厂编号：_____

影响质心位置的拖拉机主要技术规格的说明（例如：如果装有驾驶室，标出型式）：

_____

_____

轮胎规格：

前轮_____

后轮_____

轮胎充气压力：

前轮_____kPa

后轮_____kPa

外形尺寸_____mm

轴距：_____mm

前/后轮距：_____mm

拖拉机质量：

前轴轴荷（左/右）_____kg

后轴轴荷（左/右）_____kg

左侧车轮轴荷_____kg

总计_____kg

质心坐标：

质心纵向坐标 x _____mm

质心横向坐标 y _____mm

质心高度坐标 h _____mm

_____

ICS 53.100
B 90

中华人民共和国农业行业标准

NY/T 1907—2010

推土(铲运)机驾驶员

2010-07-08 发布

2010-09-01 实施

中华人民共和国农业部 发布

前　言

本标准遵照 GB/T 1.1—2009 给出的规则起草。

本标准由农业部人事劳动司提出并归口。

本标准起草单位:农业部农机行业职业技能鉴定指导站。

本标准主要起草人:温芳、李宗岭、叶宗照、周小燕、祖树强、陈志强。

推土(铲运)机驾驶员

1 范围

本标准规定了推土(铲运)机驾驶员职业的术语和定义、职业概况、基本要求、工作要求、比重表。

本标准适用于推土(铲运)机驾驶员的职业技能培训鉴定。

2 术语和定义

下列术语和定义适用于本文件。

2.1 推土(铲运)机驾驶员

驾驶推土(铲运)机,进行推土、铲运、平整等农田水利工程和农村设施建设土石方作业的人员。

3 职业概况

3.1 职业等级

本职业共设三个等级,分别为:初级(国家职业资格五级)、中级(国家职业资格四级)、高级(国家职业资格三级)。

3.2 职业环境条件

室外、噪声、粉尘、振动。

3.3 职业能力特征

具有一定观察、判断和应变能力;四肢灵活,动作协调;无红绿色盲,两眼视力不低于对数视力表4.9(允许矫正);两耳能辨别距离音叉50 cm的声源方向。

3.4 基本文化程度

初中毕业。

3.5 培训要求

3.5.1 培训期限

全日制职业学校教育,根据其培养目标和教学计划确定。晋级培训期限:初级不少于180标准学时,中级不少于150标准学时,高级不少于120标准学时。

3.5.2 培训教师

培训初级的教师应具有本职业高级以上职业资格证书或相关专业初级以上专业技术职务任职资格;培训中、高级的教师应具有本职业高级职业资格证书3年以上或相关专业中级以上专业技术职务任职资格。

3.5.3 培训场地与设备

满足教学需要的标准教室、实践场所以及必要的教具和设备。

3.6 鉴定要求

3.6.1 适用对象

从事或准备从事本职业的人员。

3.6.2 申报条件

3.6.2.1 初级(具备下列条件之一者)

——经本职业初级正规培训达规定标准学时数,并取得结业证书;

——在本职业连续见习工作2年以上。

3.6.2.2 中级（具备下列条件之一者）

——取得本职业初级职业资格证书后,连续从事本职业工作1年,经本职业中级正规培训达规定标准学时数,并取得结业证书;

——取得本职业初级职业资格证书后,连续从事本职业工作3年以上;

——连续从事本职业工作4年以上,经本职业中级正规培训达规定标准学时数,并取得结业证书;

——连续从事本职业工作6年以上;

——取得经劳动保障行政部门审核认定的、以中级技能为培养目标的中等以上职业学校相关专业的毕业证书。

3.6.2.3 高级（具备下列条件之一者）

——取得本职业中级职业资格证书后,连续从事本职业工作2年以上,经本职业高级正规培训达规定标准学时数,并取得结业证书;

——取得本职业中级职业资格证书后,连续从事本职业工作4年以上;

——连续从事本职业工作9年以上,经本职业高级正规培训达规定标准学时数,并取得结业证书;

——取得劳动保障行政部门审核认定的、以高级技能为培养目标的高级技工学校或高等职业学校相关专业的毕业证书;

——取得本专业或相关专业大专以上毕业证书,经本职业高级正规培训达规定标准学时数,并取得结业证书;

——取得本专业或相关专业大专以上毕业证书,连续从事本职业工作2年以上。

3.6.3 鉴定方式

分为理论知识考试和技能操作考核。理论知识考试采用闭卷笔试方式,技能操作考核采用现场实际操作方式。理论知识考试和技能操作考核均实行百分制,成绩皆达到60分以上者为合格。

3.6.4 考评人员与考生配比

理论知识考试考评人员与考生配比为1∶20,每个标准教室不少于2名考评人员;技能操作考核考评人员与考生配比为1∶5,且不少于3名考评人员。职业资格考评组成员不少于5人。

3.6.5 鉴定时间

理论知识考试为120 min;技能操作考核依考核项目而定,但不少于90 min。

3.6.6 鉴定场所设备

理论知识考试在标准教室进行;技能操作考核在具备必要考核设备的实践场所进行。

4 基本要求

4.1 职业道德

4.1.1 职业道德基本知识。

4.1.2 职业守则:

遵章守法,安全生产;

爱岗敬业,忠于职守;

钻研技术,规范操作;

诚实守信,优质服务。

4.2 基础知识

4.2.1 机械常识

——常用金属和非金属材料的种类、牌号、性能及用途;

——常用油料的牌号、性能与用途;

——常用标准件的种类、规格和用途;

——常用工具、量具使用知识。

4.2.2 电工常识
——直流电路与电磁的基本知识；
——交流电路基本概念；
——安全用电知识。

4.2.3 推土(铲运)机基础知识
——推土(铲运)机的类型及其主要特点；
——推土(铲运)机的总体构造及功用。

4.2.4 相关法律、法规知识
——《中华人民共和国道路交通安全法》的相关知识；
——《中华人民共和国安全生产法》的相关知识；
——《中华人民共和国环境保护法》的相关知识；
——《中华人民共和国合同法》的相关知识。

5 工作要求

本标准对初级、中级和高级的技能要求依次递进，高级别涵盖低级别的要求。

5.1 初级

职业功能	工作内容	技能要求	相关知识
一、出车前检查	(一)检查车辆主机	1. 能进行车辆外观的检查 2. 能检查发动机机油量 3. 能检查发动机冷却液 4. 能检查风扇皮带松紧度 5. 能检查轮胎气压或履带松紧度 6. 能检查电解液液面高度	1. 车辆外观检查的主要内容 2. 发动机机油量检查方法 3. 发动机冷却液的检查步骤 4. 风扇皮带松紧度的检查方法 5. 轮胎气压或履带松紧度的检查方法 6. 电解液液面高度的检查方法
	(二)检查操作元件与工作装置	1. 能检查推土(铲运)机手柄、开关等操作元件的技术状态 2. 能检查推土(铲运)机的推土、铲运等工作装置作业前的技术状态	1. 推土(铲运)机操作元件的名称、功能 2. 推土(铲运)机工作装置的基本知识 3. 推土(铲运)机工作装置技术状态的检查内容
二、驾驶与作业实施	(一)驾驶与装车运输	1. 能驾驶推土(铲运)机在常规道路上行驶 2. 能完成推土(铲运)机装车运输	1. 推土(铲运)机驾驶的基本作业要领和注意事项 2. 机动车辆装卸、运输推土(铲运)机的要求和注意事项
	(二)作业实施	1. 能识别土壤的性质和工程的分类 2. 能在正常作业条件下操作推土(铲运)机进行推土(铲运)作业 3. 能填写工作日记	1. 土壤的性质和工程的分类知识 2. 正常作业条件下推土(铲运)作业的操作要领和作业方法 3. 推土(铲运)机土石方作业技术要求 4. 推土(铲运)机安全作业操作规程 5. 工作日记的内容和填写要求
三、故障诊断与排除	(一)发动机故障诊断与排除	1. 能判断和排除发动机油路堵塞等简单故障 2. 能判断和排除发动机漏油、漏水等简单故障	1. 发动机的总体构造与功用 2. 发动机油路堵塞、漏油和漏水等简单故障的发生原因及排除方法
	(二)电气系统故障诊断与排除	1. 能判断与排除蓄电池自行放电、接线柱等线路接头松动、保险丝烧毁等简单故障 2. 能判断与排除喇叭不响、灯不亮等简单故障	1. 推土(铲运)机电气系统的组成及功用 2. 推土(铲运)机电路的特点 3. 蓄电池的基本知识 4. 推土(铲运)机电气系统简单故障的发生原因及排除方法

（续）

职业功能	工作内容	技能要求	相关知识
四、技术维护与修理	（一）日常保养	1. 能进行推土（铲运）机的清洁、润滑、检查、调整和紧固等日常保养 2. 能补充和加注燃油、机油、冷却液和润滑脂 3. 能完成机器的入库保管	1. 技术维护的概念和分类 2. 日常保养的内容和要求 3. 燃油、机油、润滑脂、冷却液的加注方法 4. 保管期间推土（铲运）机因维护不当而易损坏的类型及原因 5. 入库保管的技术措施
	（二）机器修理	1. 能进行风扇传动带等简单易损件的更换 2. 能进行刀片等工作装置简单易损件的更换	1. 风扇传动带、刀片等简单易损件的更换步骤 2. 推土（铲运）机推土铲、松土器等工作装置的结构

5.2 中级

职业功能	工作内容	技能要求	相关知识
一、出车前检查	（一）检查车辆主机	1. 能进行推土（铲运）机整机性能的检查 2. 能完成高温、寒冷等特殊气候条件下的推土（铲运）机发动机技术状态的检查	1. 推土（铲运）机整机性能检查的内容 2. 高温、寒冷等特殊气候条件下车辆技术状态检查的内容
	（二）检查操作元件与工作装置	1. 能检查车辆的制动性能 2. 能检查车辆的离合器自由行程 3. 能检查推土铲、松土器等工作装置的升降可靠性	1. 车辆制动性能的检查方法 2. 检查车辆离合器自由行程的注意事项 3. 检查推土铲、松土器等工作装置升降可靠性的注意事项
二、驾驶与作业实施	（一）车辆驾驶	1. 能在风雨、冰雪等特殊气候条件下驾驶推土（铲运）机 2. 能驾驶推土（铲运）机在坡道等复杂道路行驶	1. 风雨、冰雪等特殊气候条件下驾驶推土（铲运）机的注意事项 2. 推土（铲运）机在坡道等复杂道路上的驾驶操作要领
	（二）作业实施	1. 能进行黏土、冻土等特殊条件下的推土（铲运）作业 2. 能驾驶推土机填筑路基和开挖路堑作业 3. 能驾驶推土机进行傍山、傍坡推土作业 4. 能驾驶回转式铲刀推土机进行推土作业	1. 在黏土、冻土等特殊条件下作业的要领和注意事项 2. 推土机填筑路基和开挖路堑作业操作要领 3. 傍山、傍坡推土作业操作要领和注意事项 4. 驾驶回转式铲刀推土机进行推土作业的注意事项
三、故障诊断与排除	（一）发动机故障诊断与排除	1. 能判断和排除发动机启动困难或排烟异常等常见故障 2. 能判断和排除发动机进气道及空气滤清器堵塞等造成启动困难、无力等常见故障	1. 发动机的基本构造和工作过程 2. 发动机空气滤清器堵塞等常见故障的发生原因及排除方法
	（二）传动与行走系统和转向制动系统故障诊断与排除	1. 能判断和排除行走时跑偏等行走系统常见故障 2. 能判断和排除变速器挂挡困难、脱挡等传动系统常见故障 3. 能判断和排除转向与制动失灵等转向与制动系统常见故障	1. 机械传动的类型、特点和失效形式 2. 传动、行走系统、转向与制动系统的构造和工作原理 3. 传动与行走系统和转向与制动系统常见故障的原因及排除方法
四、技术维护与修理	（一）机器试运转	1. 能进行推土（铲运）机试运转的基本操作 2. 能进行推土（铲运）机试运转后技术状态的检查和调整	1. 推土（铲运）机试运转的目的、原则和基本规程 2. 推土（铲运）机试运转后的质量验收标准
	（二）定期保养	1. 能识读零件图 2. 能进行推土（铲运）机累计工作 250 h 内的技术保养	1. 机械识图的一般知识 2. 推土（铲运）机累计工作 250 h 的周期技术保养规程
	（三）机器修理	1. 能进行轴承、油封等一般易损件的更换 2. 能进行推土（铲运）机松土齿等一般工作部件的更换	1. 滤清器、轴承、油封等一般易损件的拆装要领 2. 推土（铲运）机松土齿等一般工作部件的更换方法

5.3 高级

职业功能	工作内容	技能要求	相关知识
一、驾驶与作业实施	(一)车辆驾驶	1. 能驾驶推土(铲运)机在泥水中、松软的地面等恶劣环境下行驶 2. 能完成推土(铲运)机陷车的应急处理	1. 在泥水中、松软的地面等恶劣环境下作业的操作要领和注意事项 2. 土壤的垂直载荷与沉陷的关系 3. 推土(铲运)机应急处理方法
	(二)作业实施	1. 能驾驶推土机进行平整场地等精细作业 2. 能驾驶推土机配合进行并列推土等特殊作业	1. 平整场地等精细作业的驾驶操作要领和注意事项 2. 激光平地作业的工作装置和工作过程 3. 进行激光平地作业的操作要领和步骤 4. 进行并列推土等特殊作业的操作要领
二、故障诊断与排除	(一)发动机故障诊断与排除	1. 能判断和排除发动机功率不足、燃油消耗过高等复杂故障 2. 能判断和排除发动机工作不稳定等复杂故障	1. 发动机复杂故障的发生原因和排除方法 2. 废气涡轮增压的基本知识 3. 电控高压共轨柴油发动机的基础知识
	(二)电气系统故障诊断与排除	1. 能识读推土(铲运)机电路图 2. 能判断与排除蓄电池充电电流过大、过小或不充电等电气系统常见故障	1. 主要电器设备的构造及工作原理 2. 电路图的识读内容和方法 3. 电气系统常见故障的原因及排除方法
	(三)液压系统故障诊断与排除	1. 能识读推土(铲运)机液压回路图 2. 能判断和排除因液压油缸及其他液压元件漏油、油路堵塞造成液压系统失灵等常见故障 3. 能判断和排除因液压系统油缸抖动、不能保持中立、系统压力过高或过低等液压系统常见故障	1. 液压传动基本知识 2. 液压系统的基本构造及工作过程 3. 常用的液压回路和工作过程 4. 液压回路图的识读内容和方法 5. 液压系统漏油等常见故障的发生原因及排除方法
三、技术维护与修理	(一)定期保养	1. 能识读装配图 2. 能进行推土(铲运)机累计工作500 h的技术保养 3. 能进行推土(铲运)机电气、液压系统重要部件的检查和维护	1. 公差与配合、表面粗糙度的基本知识 2. 机械装配图的识读方法 3. 累计工作500 h技术保养规程 4. 电气、液压系统重要部件的维护技术要求
	(二)机器修理	1. 能完成履带行走装置等重要部件的拆装和更换 2. 能进行液压油缸、分配器和液压马达等液压系统重要零部件的拆装与更换	1. 履带行走装置等重要部件的拆装和更换方法 2. 液压油缸、分配器和液压马达等液压系统重要零部件的拆装与更换操作要领及注意事项
四、管理与培训	(一)技术管理	1. 能制订作业计划 2. 能完成作业成本核算	1. 作业计划包含的内容 2. 作业成本的构成和降低途径 3. 影响生产率的因素
	(二)培训与指导	1. 能指导初、中级人员操作 2. 能对初级人员进行技术培训	1. 培训教育的基本方法 2. 推土(铲运)机驾驶员培训的基本要求

6 比重表

6.1 理论知识

项	目	初级,%	中级,%	高级,%
基本要求		30	25	20
相关知识	一、作业准备	15	10	—
	二、驾驶与作业实施	25	25	20
	三、故障诊断与排除	10	20	25
	四、技术维护与修理	20	20	20
	五、管理与培训	—	—	15
合	计	100	100	100

6.2 技能操作

	项　目	初级,%	中级,%	高级,%
相关知识	一、作业准备	15	10	—
	二、驾驶作业实施	40	40	35
	三、故障诊断与排除	15	25	30
	四、技术维护与修理	30	25	20
	五、管理与培训	—	—	15
合　计		100	100	100

ICS 25.160.01
B 90

中华人民共和国农业行业标准

NY/T 1908—2010

农 机 焊 工

2010-07-08 发布

2010-09-01 实施

中华人民共和国农业部 发布

前　　言

本标准遵照 GB/T 1.1—2009 给出的规则起草。

本标准由农业部人事劳动司提出并归口。

本标准起草单位:农业部农机行业职业技能鉴定指导站。

本标准主要起草人:温芳、张天翊、夏正海、欧南发。

农　机　焊　工

1　范围

本标准规定了农机焊工职业的术语和定义、职业概况、基本要求、工作要求、比重表。

本标准适用于农机焊工的职业技能鉴定。

2　术语和定义

下列术语和定义适用于本文件。

2.1　农机焊工

操作焊接设备，从事农业机械金属工件焊接、切割加工和维修的人员。

3　职业概况

3.1　职业等级

本职业共设3个等级，分别为：初级(国家职业资格五级)、中级(国家职业资格四级)、高级(国家职业资格三级)。

3.2　职业环境条件

室内、外，常温。光辐射、烟尘、有害气体和环境噪声。

3.3　职业能力特征

具有一定的学习理解和表达能力、应变能力；动作协调，视力良好，具有分辨颜色色调和浓淡的能力。

3.4　基本文化程度

初中毕业。

3.5　培训要求

3.5.1　培训期限

全日制职业学校教育，根据其培养目标和教学计划确定。晋级培训期限：初级不少于300标准学时，中级不少于280标准学时，高级不少于240标准学时。

3.5.2　培训教师

培训初级的教师应具有本职业高级职业资格证书或相关专业初级以上专业技术职务任职资格；培训中级、高级的教师应具有本职业高级职业资格证书3年以上或相关专业中级以上专业技术职务任职资格。

3.5.3　培训场地与设备

满足教学需要的标准教室和实践场所，以及必要的教具和设备。

3.6　鉴定要求

3.6.1　适用对象

从事或准备从事本职业的人员。

3.6.2　申报条件

3.6.2.1　初级(具备下列条件之一者)

——经本职业初级正规培训达规定标准学时数，并取得结业证书；

——在本职业连续见习工作2年以上。

3.6.2.2 中级(具备下列条件之一者)

——取得本职业初级职业资格证书后,连续从事本职业工作满1年,经本职业中级正规培训达规定标准学时数,并取得结业证书;

——取得本职业初级职业资格证书后,连续从事本职业工作3年以上;

——连续从事本职业工作4年以上,经本职业中级正规培训达规定标准学时数,并取得结业证书;

——连续从事本职业工作6年以上;

——取得经劳动保障行政部门审核认定的,以中级技能为培养目标的中等以上职业学校相关专业的毕业证书。

3.6.2.3 高级(具备下列条件之一者)

——取得本职业中级职业资格证书后,连续从事本职业工作满2年,经本职业高级正规培训达规定标准学时数,并取得结业证书;

——取得本职业中级职业资格证书后,连续从事本职业工作4年以上;

——连续从事本职业工作9年以上,经本职业高级正规培训达规定标准学时数,并取得结业证书;

——取得劳动保障行政部门审核认定的,以高级技能为培养目标的高级技工学校或高等职业学校本专业的毕业证书;

——取得本专业或相关专业大专以上毕业证书,经本职业高级正规培训达规定标准学时数,并取得结业证书;

——取得本专业或相关专业大专以上毕业证书后,连续从事本职业工作2年以上。

3.6.3 鉴定方式

分为理论知识考试和技能操作考核。理论知识考试采用闭卷笔试方式,技能操作考核采用现场实际操作方式。理论知识考试和技能操作考核均实行百分制,成绩皆达60分以上者为合格。

3.6.4 考评人员与考生配比

理论知识考试考评人员与考生配比为1:20,每个标准教室不少于2名考评人员;技能操作考核考评员与考生配比为1:5,且不少于3名考评人员。

3.6.5 鉴定时间

理论知识考试为120 min;技能操作考核依考核项目而定,但不少于90 min。

3.6.6 鉴定场所设备

理论知识考试在标准教室进行;技能操作考核在具备必要设备及安全设施完善的场所进行。

4 基本要求

4.1 职业道德

4.1.1 职业道德基本知识。

4.1.2 职业守则:

遵章守法,安全生产;

爱岗敬业,钻研技术;

遵守规程,规范操作;

诚实守信,优质服务。

4.2 基础知识

4.2.1 机械识图知识

——机械制图的一般规定;

——投影的基本原理;

——常用零部件的画法及标注;

——焊缝符号和焊接方法代号表示方法；

——零件图识读知识。

4.2.2 常用金属材料基本知识

——农业机械常用的金属材料；

——常用金属材料的主要力学性能、物理性能和化学性能；

——碳素结构钢、合金钢、铸铁、有色金属的分类、牌号、成分、性能和用途。

4.2.3 电工基本知识

——直流电基本知识；

——电磁基本知识；

——交流电基本概念；

——电流表和电压表的使用方法。

4.2.4 化学基本知识

——常用的化学元素符号；

——原子的组成和分子的形成。

4.2.5 农业机械相关知识

——薄型构件在农业机械中的应用及结构特点；

——铸铁构件在农业机械中的应用及结构特点；

——铝及铝合金构件在农业机械中的应用及结构特点；

——铜及铜合金构件在农业机械中的应用及结构特点。

4.2.6 冷加工基本知识

——钳工基础知识；

——钣金工基础知识。

4.2.7 焊接的物理实质和分类

——焊接的物理实质；

——焊接方法分类。

4.2.8 安全及环境保护知识

——安全用电知识；

——焊接环境保护知识；

——焊接劳动保护知识。

4.2.9 相关法律、法规知识

——《中华人民共和国安全生产法》的相关知识；

——《中华人民共和国劳动法》的相关知识；

——《中华人民共和国农业机械化促进法》的相关知识；

——《农业机械产品修理、更换、退货责任规定》的相关知识。

5 工作要求

本标准对初级、中级和高级的技能要求依次递进,高级别涵盖低级别的要求。

5.1 初级

职业功能	工作内容	技能要求	相关知识
一、焊前准备	（一）劳动保护准备及安全技术检查	1. 能准备普通焊接环境下作业个人劳动防护用品 2. 能进行普通焊接环境下场地、焊接设备、工具和夹具的安全检查	1. 在普通焊接条件下焊接环境的有害因素和防止措施知识(劳动卫生、安全事故等) 2. 焊条电弧焊安全操作规程 3. 气焊、气割安全操作规程 4. 钎焊安全操作规程 5. 焊条电弧焊、气焊和钎焊设备、工夹具的安全作业检查要求
	（二）施焊对象分析	1. 能识读简单的焊接零件图或部件图 2. 能识别碳素结构钢和合金结构钢	1. 焊接零件图或部件图识读方法 2. 碳素结构钢和合金结构钢的识别方法
	（三）焊接设备准备	1. 能根据农业机械施焊工件选择合适的焊条、电弧焊机、焊钳、电缆及焊接工具、夹具	1. 焊条电弧焊机的组成、种类、型号、特点及应用 2. 焊条电弧焊机铭牌上的内容及含义 3. 焊条电弧焊机对用电电源的要求 4. 焊钳和焊接电缆的选用原则 5. 焊接工夹具知识
		2. 能根据农业机械施焊补工件选择合适的氧—乙炔焊接设备及工夹具	1. 氧—乙炔气焊、气割工作原理、特点和应用 2. 气焊、气割设备的组成及主要部件和工夹具
		3. 能根据农业机械焊补工件选择钎焊设备及工具	1. 钎焊的原理、种类、特点和应用 2. 钎焊设备的组成及主要部件结构和工具
	（四）焊接物料准备	1. 能选择及使用碳钢焊条	1. 焊条的组成和作用 2. 焊条的分类、型号和牌号 3. 碳钢焊条的选择原则和使用前的准备
		2. 能选择及使用气焊焊丝和焊剂 3. 能选择及使用钎焊钎料和钎焊剂	1. 气焊焊丝和焊剂的作用、种类和使用前的准备 2. 钎焊钎料和钎焊剂的作用、种类和使用前的准备
		4. 能进行低碳钢焊接件坡口准备	1. 焊接接头的种类 2. 焊接坡口形式和坡口尺寸 3. 坡口的清理
二、焊接	（一）焊条电弧焊	1. 能使用焊条电弧焊设备和工夹具 2. 能选用焊条电弧焊工艺参数 3. 能进行焊接电弧的引弧、运弧、收弧 4. 能对柴油机、喷灌泵底座等简单机架进行组对和定位焊	1. 焊条电弧焊机的接线、调节及使用方法 2. 焊条电弧焊工艺特点 3. 焊条电弧焊工艺参数的选用 4. 焊接电弧知识 5. 工件组对和定位焊基本知识
		5. 能对联合收割机、播种机踏板等形状简单的低碳钢结构件平板进行平焊位的单面焊双面成型和立焊、横焊 6. 能对柴油机、喷灌泵底座等简单机架进行角接及T型接头焊接	焊条电弧焊操作要点

（续）

职业功能	工作内容	技能要求	相关知识
二、焊接	（二）氧—乙炔气焊、气割	1. 能使用氧—乙炔气焊、气割设备、工夹具及材料	1. 氧—乙炔气焊、气割火焰的构造、形状、特点和应用 2. 气焊、气割材料 3. 气焊操作技术
		2. 能选用气焊、气割低碳钢的工艺参数 3. 能对农用半挂车厢上形状简单的或受力不大的低碳钢平板进行平气焊补 4. 能对农用半挂车厢等农业机械中的低碳钢中、厚板材及角钢等进行气割	1. 气焊形状简单的或受力不大的低碳钢件工艺参数 2. 低碳钢平板平气焊的操作要点 3. 气割低碳钢中、厚板的工艺参数 4. 气割低碳钢中、厚板的操作要点
	（三）钎焊	1. 能选用钎焊设备、工具及材料 2. 能对形状简单的水箱散热器管等薄壁构件的损坏部位进行软（锡）钎焊	1. 钎焊的设备、工具及材料的使用方法 2. 水箱散热器管等薄壁构件软（锡）钎焊修复工艺参数 3. 水箱散热器管等薄壁构件软（锡）钎焊的操作要点
三、焊后检验与修补	（一）焊接检验	1. 能进行焊缝表面缺陷的外观检查 2. 能使用通用量具进行焊缝外观尺寸的检查	1. 焊接外部缺陷种类 2. 焊接质量外观检查方法 3. 通用量具的使用方法
	（二）缺陷分析与修补	1. 能分析外部缺陷产生的主要原因 2. 能进行返修和焊补	1. 焊缝外部缺陷产生的原因和防止方法 2. 返修要求 3. 返修和焊补方法

5.2　中级

职业功能	工作内容	技能要求	相关知识
一、焊前准备	（一）劳动保护准备及安全技术检查	1. 能准备在复杂焊接环境下的个人劳动防护用品 2. 能检查在复杂焊接环境下的有害因素和劳动卫生、安全保护措施 3. 能进行复杂焊接环境下的场地设备、工夹具安全检查	1. 在人多、空间狭窄、有易燃杂物等复杂焊接环境下焊条电弧焊、气焊、钎焊的安全操作注意事项 2. 氩弧焊、二氧化碳气体保护焊、电阻焊、堆焊的安全操作规程 3. 能检查焊条电弧焊、气焊、钎焊、氩弧焊、二氧化碳气体保护焊等焊接设备、工夹具在复杂焊接环境下的安全使用性能
	（二）施焊对象分析	1. 能识读较复杂的焊接部件图和简单的装配图	简单的装配图识读方法
		2. 能识读常用的化学反应及反应方程式	1. 原子结构 2. 常用的化学反应及反应方程式知识
		3. 能识读铁碳合金平衡相图	1. 金属晶体结构的一般知识 2. 合金的组织结构及铁碳合金的基本知识 3. 铁碳合金平衡相图及应用
		4. 能识别铝及铝合金、铜及铜合金	铝及铝合金、铜合金的识别方法

（续）

职业功能	工作内容	技能要求	相关知识
一、焊前准备	（三）焊接设备准备	1. 能根据农业机械施焊工件选用焊条电弧焊、氧—乙炔气焊设备	1. 变压器的结构和基本工作原理 2. 焊条电弧焊机及主要部件的结构、工作原理 3. 氧—乙炔气焊设备主要部件的结构、工作原理
		2. 能根据农业机械施焊工件选择氩弧焊焊接设备及焊接工夹具	1. 氩弧焊机的工作原理、种类、特点及应用 2. 钨极氩弧焊设备的组成及主要部件结构、型号和性能参数
		3. 能根据农业机械施焊工件选择二氧化碳气体保护焊设备及焊接工夹具	1. 二氧化碳气体保护焊的工作原理、特点和应用 2. 二氧化碳气体保护焊设备的组成、主要部件结构、型号及性能参数
	（四）焊接物料准备	1. 能选用焊接低合金钢、不锈钢的焊条 2. 能选用气焊低合金钢、铝合金及铜合金的焊丝和焊剂 3. 能选用保护气体	1. 焊接冶金原理 2. 低合金钢焊条的型号、牌号及选用 3. 不锈钢焊条的型号、牌号及选用 4. 气焊低合金钢、铝合金及铜合金的焊丝和焊剂的选用 5. 焊接保护气体的种类、性质和选用 6. 焊接钨极常识
		4. 能进行不同位置的焊接坡口准备 5. 能控制较小的焊接变形准备 6. 能进行焊前预热	1. 不同焊接位置的坡口准备 2. 焊接变形知识 3. 焊前预热作用和方法
二、焊接（可根据考生实际情况任选一项）	（一）焊条电弧焊	1. 能选用低合金结构钢的焊接工艺参数	1. 焊接性概念 2. 低合金结构钢的焊接性 3. 低合金结构钢的焊接工艺参数
		2. 能对水泵进水管、排水管、连接法兰等农业机械中的板、管、板管类焊接结构件进行组对和定位焊	板、管、板管类焊接结构件的组对及定位焊基本要求
		3. 能对东风-12型手扶拖拉机机架等形状复杂的农业机械零部件或受力较大低碳钢及低合金钢结构件进行平板对接立焊、横焊的单面焊双面成型 4. 能对农业机械中的低碳钢平板进行对接仰焊 5. 能对联合收割机割台等农业机械中的低碳钢管进行垂直固定的单面焊双面成型 6. 能对联合收割机割台等农业机械中的低碳钢管、板进行插入式垂直固定、水平固定的焊接 7. 能对水泵进水管、排水管、连接法兰等进行水平转动或水平固定密封焊接	1. 不同位置的焊接工艺参数 2. 不同位置焊接的操作工艺要点
		8. 能选用珠光体耐热钢和低温钢焊接材料及工艺	1. 珠光体耐热钢和低温钢的焊接性 2. 珠光体耐热钢和低温钢的焊接工艺

（续）

职业功能	工作内容	技能要求	相关知识
二、焊接（可根据考生实际情况任选一项）	（二）氧—乙炔气焊、气割	1. 能对形状复杂的农业机械中低合金结构钢件进行气焊	1. 氧—乙炔气焊形状复杂的农业机械中低合金结构钢件的工艺参数 2. 氧—乙炔气焊形状复杂的农业机械中低合金结构钢件的操作要点
		2. 能对联合收割机等农业机械中的薄板、管类结构件进行气割	1. 氧—乙炔气割农业机械中的薄板、管类结构件工艺参数 2. 氧—乙炔气割农业机械中的薄板、管类结构件的操作要点
		3. 能对铝合金水箱等形状简单的铝合金结构件进行气焊补 4. 能对高压油管等形状简单的铜及铜合金结构件进行气焊补	1. 铝及铝合金的焊接性、气焊特点和气焊工艺参数 2. 铜及铜合金的焊接性、气焊特点和气焊工艺参数
	（三）钎焊	1. 能进行水箱散热器等结构件的硬钎焊	1. 水箱散热器等结构件硬（铜）钎焊的工艺参数 2. 水箱散热器等结构件硬（铜）钎焊的操作要点
		2. 能进行低碳钢与硬质合金的硬钎焊	异种材质金属（低碳钢与硬质合金）进行硬钎焊的工艺参数及操作要点
	（四）钨极氩弧焊	1. 能选用手工钨极氩弧焊设备、工具及材料 2. 能对喷灌机铝弯头等农业机械结构件进行焊接	1. 手工钨极氩弧焊设备调节和使用方法 2. 手工钨极氩弧焊焊接受力不大的农业机械结构件的工艺参数
		3. 能对农业机械中的平板结构件进行手工钨极氩弧焊对接平焊位单面焊双面成型 4. 能对农业机械中的管类结构件进行手工钨极氩弧焊对接单面焊双面成型	手工钨极氩弧焊的操作要点
		5. 能选择奥氏体不锈钢焊接工艺参数和材料 6. 能用手工钨极氩弧焊对农业机械中奥氏体不锈钢平面或管的对接单面焊双面成型	1. 不锈钢的分类及性能 2. 奥氏体不锈钢的焊接性 3. 奥氏体不锈钢焊接工艺参数 4. 奥氏体不锈钢焊接操作要点
	（五）二氧化碳气体保护焊	1. 能选用二氧化碳气体保护焊设备、工夹具及材料 2. 能选用半自动二氧化碳气体保护焊工艺参数 3. 能对联合收割机割台、机架类等农业机械进行平、立、横位置单面焊双面成型半自动二氧化碳气体保护焊	1. 二氧化碳气体保护焊设备调节和使用方法 2. 二氧化碳气体保护焊的熔滴过渡及飞溅 3. 半自动二氧化碳气体保护焊工艺参数 4. 半自动二氧化碳气体保护焊操作要点
	（六）其他焊接方法	1. 能选择和使用电阻焊、堆焊等其他焊接设备 2. 能选择和使用电阻焊、堆焊等其他焊接方法的工艺参数 3. 能运用电阻焊、堆焊等其他焊接方法对形状简单的农业机械结构件进行焊接	1. 电阻焊、堆焊等其他焊接方法的原理、类型、特点和应用范围 2. 电阻焊、堆焊等其他焊接设备的组成、主要部件结构 3. 电阻焊、堆焊等其他焊接方法的工艺参数 4. 电阻焊、堆焊等其他焊接方法的操作要点

（续）

职业功能	工作内容	技能要求	相关知识
三、焊接接头质量控制	（一）控制焊接接头的组织和性能	1. 能控制焊后焊接接头中出现的多种组织 2. 能控制焊缝中出现的有害气体及有害元素	1. 钢铁热处理基本知识 2. 焊接熔池的一次结晶、二次结晶过程 3. 焊接接头热影响区的组织和性能 4. 焊缝中有害气体及有害元素的影响和控制措施
	（二）控制焊接应力和变形	1. 能控制焊接残余变形 2. 能矫正焊接残余变形	1. 焊接应力及变形产生的原因 2. 焊接残余变形的种类 3. 控制焊接残余变形的措施 4. 矫正焊接残余变形方法
四、焊后检验与修补	（一）焊接检验	1. 能对农业机械的焊接接头外观缺陷进行检验 2. 能使用焊口检测尺等量具进行焊缝外观尺寸的检查	1. 焊接检验方法分类 2. 焊接检验方法的应用范围 3. 焊口检测尺等量具的使用方法
		3. 能对水箱散热器焊缝进行密封性试验	1. 焊接常用的非破坏性检验方法 2. 焊接非破坏性检验方法的工作原理 3. 水箱散热器密封性试验(气密性检验)方法
	（二）缺陷分析与修补	1. 能分析焊接缺陷产生的原因和防止措施	1. 焊接缺陷的种类、特征和危害 2. 焊接缺陷产生的主要原因及防止措施
		2. 能进行焊接缺陷的返修	1. 焊接缺陷的返修要求 2. 焊接缺陷的返修方法

5.3 高级

职业功能	工作内容	技能要求	相关知识
一、焊前准备	（一）劳动保护准备及安全技术检查	1. 能准备在特殊焊接环境下作业的个人劳动防护用品 2. 能进行特殊焊接环境下场地设备、工夹具的安全检查 3. 能检查在特殊焊接环境下的有害因素和劳动卫生、安全保护措施	1. 在高空、潮湿、焊补油箱或油罐等特殊焊接环境下焊条电弧焊、气体保护焊等安全操作注意事项 2. 焊条电弧焊、气体保护焊等设备、工夹具在特殊焊接环境下安全使用性能 3. 埋弧焊、金属喷涂、等离子弧焊等其他焊接方法的安全操作规程
	（二）施焊对象分析	1. 能识读较复杂的焊接装配图 2. 能识别铸铁材料	1. 焊接装配图的识读知识 2. 铸铁材料的识别方法
	（三）焊接设备准备	1. 能进行常用焊接设备的调试 2. 能正确选择和使用埋弧焊、金属喷涂、等离子弧焊等其他焊接设备	1. 常用焊接设备调试方法 2. 埋弧焊、金属喷涂、等离子弧焊等其他焊接方法的原理、特点和应用范围 3. 埋弧焊、金属喷涂、等离子弧焊等其他焊接设备的组成、主要部件结构
	（四）焊接物料准备	1. 能选用农业机械常用金属材料的焊条、焊丝和焊剂 2. 能进行农业机械中铸铁、有色金属、异种钢等焊接的坡口准备	1. 铸铁、有色金属、异种钢焊接的焊条、焊丝、焊剂的选择和使用 2. 铸铁、有色金属、异种钢焊接前准备要求
二、焊接（可根据考生实际情况任选一项焊接方法）	（一）焊条电弧焊	1. 能进行农业机械中珠光体钢和奥氏体不锈钢的单面焊双面成型	1. 异种钢的焊接性 2. 珠光体钢和奥氏体不锈钢(含复合钢板)的焊接工艺参数及操作要点
		2. 能进行装载机铲斗与铲刀等农业机械中的低碳钢与低合金钢的焊接	1. 低碳钢与低合金钢的焊接性 2. 低碳钢与低合金钢的焊接工艺参数及操作要点

（续）

职业功能	工作内容	技能要求	相关知识
二、焊接（可根据考生实际情况任选一项焊接方法）	（一）焊条电弧焊	3.能对拖拉机箱体类铸铁件缺陷进行焊条电弧焊补	1.铸铁的焊接性 2.焊条电弧焊焊补铸铁件的工艺参数及操作要点
		4.能对农用挂车车厢等农业机械中的平板对接进行仰焊位单面焊双面成型 5.能对联合收割机割台等农业机械中的管对接进行水平固定位置的单面焊双面成型 6.能对排灌机械中骑座式管板进行仰焊位置单面焊双面成型 7.能对农业机械中的小直径管进行垂直固定和水平固定加障碍的单面焊双面成型 8.能对水泵进、排水管等农业机械中的小直径管进行45°倾斜固定单面焊双面成型 9.能对农用挂车等受力较大的农业机械机架等重要结构件进行焊接	各种位置焊接的操作要点
	（二）氧—乙炔气焊、气割	1.能对铝合金箱体等形状复杂或受力较大的农业机械中的铝及铝合金、铜及铜合金结构件等进行气焊补 2.能对拖拉机箱体等农业机械的铸铁件缺陷进行气焊补	1.气焊形状复杂或受力较大的铝及铝合金、铜及铜合金结构件工艺参数及操作要点 2.气焊补铸铁件缺陷的工艺参数及操作要点
	（三）钨极氩弧焊	1.能对氩弧焊的设备进行调试 2.能选用手工钨极氩弧焊焊接旋耕机轴与刀柄座等农业机械中形状复杂或受力较大的结构件的工艺参数 3.能对农业机械中管类结构件进行手工钨极氩弧焊打底，焊条电弧焊填充、盖面	1.氩弧焊设备调试方法 2.手工钨极氩弧焊焊接形状复杂或受力较大的结构件的工艺参数 3.手工钨极氩弧焊操作要点
	（四）二氧化碳气体保护焊	1.能对二氧化碳气体保护焊设备进行调试 2.能对农用挂车车厢、车架等农业机械结构件进行半自动二氧化碳气体保护焊的各种位置单面焊双面成型	1.二氧化碳气体保护焊设备调试方法 2.半自动二氧化碳焊接工艺参数及操作要点
	（五）其他焊接方法	1.能对埋弧焊、金属喷涂、等离子弧焊等其他焊接设备进行调试 2.能选择和使用埋弧焊、金属喷涂、等离子弧焊等其他焊接方法的工艺参数 3.能运用埋弧焊、金属喷涂、等离子弧焊等其他焊接设备对农业机械结构件进行焊接	1.埋弧焊、金属喷涂、等离子弧焊等其他焊接设备调试方法 2.埋弧焊、金属喷涂、等离了弧焊等其他焊接方法的工艺参数 3.埋弧焊、金属喷涂、等离子弧焊等其他焊接方法的操作要点
三、焊接接头质量控制	（一）控制焊接接头组织和性能	1.能控制焊接过程中焊接接头的性能 2.能改善焊后焊接接头的性能	1.影响焊接接头性能的因素 2.控制和改善焊接接头性能的措施
	（二）控制焊接应力及变形	1.能选用焊接工艺，减少焊接残余应力 2.能消除焊接残余应力	1.焊接残余应力的分类 2.减少焊接残余应力的措施 3.消除焊接残余应力的方法

（续）

职业功能	工作内容	技 能 要 求	相 关 知 识
四、焊后检验与修补	（一）焊接检验	1. 能根据力学性能和X线检验的结果评定焊接质量 2. 能进行焊缝磁粉探伤 3. 能进行焊缝渗透试验 4. 能对农业机械的容器进行耐压试验	1. 焊接破坏性检验方法 2. 力学性能评定标准 3. X线评定标准 4. 磁粉探伤的原理、分类、特点和应用 5. 焊缝渗透试验（荧光、着色法）方法 6. 容器耐压试验（水压、气压试验）方法
	（二）缺陷分析与修补	1. 能分析与修补农业机械中铸铁件的焊接缺陷 2. 能分析与修补农业机械中铝及铝合金、铜及铜合金的焊接缺陷 3. 能分析与修补异种钢的焊接缺陷	1. 铸铁焊接缺陷产生原因及修补措施 2. 铝及铝合金焊接缺陷产生原因及修补措施 3. 铜及铜合金焊接缺陷产生原因及修补措施 4. 异种钢焊接缺陷产生原因及修补措施
五、管理与培训	（一）组织管理	1. 能组织农机焊工的焊接生产 2. 能够进行农机焊工简单的成本核算和定额管理	1. 焊接生产管理基本知识 2. 成本核算和定额管理基本知识
	（二）技术文件编写	1. 能编制简单的农机焊接工艺流程 2. 能进行简单的技术总结	1. 焊接工艺流程 2. 技术总结内容和方法
	（三）培训与指导	1. 能培训初级农机焊工 2. 能对初、中级农机焊工进行技术指导	1. 焊接及初级焊工培训有关知识 2. 生产实习技术指导知识

6 比重表

6.1 理论知识

项 目			初级，%	中级，%	高级，%
基本要求		职业道德	5	5	5
		基础知识	25	20	15
相关知识	一、焊前准备	劳动保护准备及安全技术检查	5	5	4
		施焊对象分析	5	8	5
		焊接设备准备	5	5	4
		焊接物料准备	5	5	4
	二、焊接（中、高级可根据考生实际情况任选一项）	焊条电弧焊	30	30	30
		氧—乙炔焊	10		
		钎焊(初、中级)	5		
		钨极氩弧焊	—		
		二氧化碳气体保护焊	—		
		其他焊接方法	—		
	三、焊接接头质量控制	（一）控制焊接接头组织和性能	—	8	8
		（二）控制焊接应力和变形	—	7	7
	四、焊后检验与修补	（一）焊接检验	3	5	5
		（二）焊接缺陷分析与修补	2	2	4
	五、管理与培训	（一）组织管理	—	—	5
		（二）技术文件编写	—	—	2
		（三）培训与指导	—	—	2
合 计			100	100	100

6.2 技能操作

项　　目			初级，%	中级，%	高级，%
技能要求	一、焊前准备	(一)劳动保护准备与安全技术检查	10	5	5
		(二)施焊对象分析	2	10	10
		(三)焊接设备准备	3	5	5
		(四)焊接物料准备	5	5	5
	二、焊接(中、高级可根据考生实际情况任选一项)	焊条电弧焊	50	50	40
		氧—乙炔焊	15		
		钎焊(初、中级)	5		
		钨极氩弧焊	—		
		二氧化碳气体保护焊	—		
		其他焊接方法	—		
	三、焊接接头质量控制	(一)控制焊接接头组织和性能	—	8	8
		(二)控制焊接应力和变形	—	7	7
	四、焊后检验与修补	(一)焊接检验	6	5	5
		(二)焊接缺陷分析和修补	4	5	5
	五、管理与培训	(一)组织管理	—	—	5
		(二)技术文件编写	—	—	2
		(三)培训与指导	—	—	3
合　　计			100	100	100

ICS 65.060
B 90

中华人民共和国农业行业标准

NY/T 1909—2010

农机专业合作社经理人

2010-07-08 发布
2010-09-01 实施

中华人民共和国农业部 发布

前　言

本标准遵照 GB/T 1.1—2009 给出的规则起草。

本标准由农业部人事劳动司提出并归口。

本标准起草单位：农业部农机行业职业技能鉴定指导站。

本标准主要起草人：温芳、韩振生、周小燕、叶宗照。

农机专业合作社经理人

1 范围

本标准规定了农机专业合作社经理人职业的术语和定义、职业概况、基本要求、工作要求、比重表。
本标准适用于农机专业合作社经理人的职业技能培训鉴定。

2 术语和定义

下列术语和定义适用于本文件。

2.1 农机专业合作社经理人

在农机专业合作社中,负责生产经营管理的人员。

3 职业概况

3.1 职业等级

本职业共设 4 个等级,分别为:中级(国家职业资格四级)、高级(国家职业资格三级)、技师(国家职业资格二级)、高级技师(国家职业资格一级)。

3.2 职业环境条件

室内、室外,常温。

3.3 职业能力特征

具有一定的观察、分析判断、沟通协调、计算和语言表达理解能力,具有较强的组织管理和决策领导能力。

3.4 基本文化程度

初中毕业。

3.5 培训要求

3.5.1 培训期限

全日制职业学校教育,根据其培养目标和教学计划确定。晋级培训期限:中级不少于 210 标准学时,高级不少于 180 标准学时,技师不少于 150 标准学时,高级技师不少于 100 标准学时。

3.5.2 培训教师

培训中、高级的教师,应具有本职业技师以上职业资格证书或相关专业中级以上专业技术职务任职资格;培训技师的教师,应具有本职业高级技师职业资格证书或相关专业高级专业技术职务任职资格;培训高级技师的教师,应具有本职业高级技师职业资格证书 2 年以上或相关专业高级专业技术职务任职资格。

3.5.3 培训场地与设备

满足教学需要的标准教室和实践场所,以及必要的工作环境和设施设备。

3.6 鉴定要求

3.6.1 适用对象

从事或准备从事本职业的人员。

3.6.2 申报条件

3.6.2.1 中级(具备下列条件之一者)

——取得农机相关职业初级职业资格证书后,连续从事本职业工作 1 年以上,经本职业中级正规培训达规定标准学时数,并取得结业证书;

——取得农机相关职业初级职业资格证书后,连续从事本职业工作 3 年以上;

——连续从事本职业工作 4 年以上,经本职业中级正规培训达规定标准学时数,并取得结业证书;

——连续从事本职业工作 6 年以上;

——取得经主管部门审核认定的、以中级技能为培养目标的中等以上职业学校相关专业毕业证书。

3.6.2.2 高级(具备下列条件之一者)

——取得相关职业中级职业资格证书后,连续从事本职业工作 2 年以上,经本职业高级职业资格正规培训达规定标准学时数,并取得结业证书;

——取得相关职业中级职业资格证书后,连续从事本职业工作 4 年以上;

——连续从事本职业工作 9 年以上,经本职业高级职业资格正规培训达规定标准学时数,并取得结业证书;

——取得高级技工学校或经主管部门审核认定的、以高级技能为培养目标的高等职业学校本专业毕业证书;

——取得相关专业大专以上毕业证书,经本职业高级职业资格正规培训达规定标准学时数,并取得结业证书;

——取得相关专业大专以上毕业证书后,连续从事本职业工作 2 年以上。

3.6.2.3 技师(具备下列条件之一者)

——取得本职业高级职业资格证书后,连续从事本职业工作 4 年以上,经本职业技师职业资格正规培训达规定标准学时数,并取得结业证书;

——取得本职业高级职业资格证书后,连续从事本职业工作 6 年以上;

——取得相关专业大专以上毕业证书后,连续从事本职业工作 4 年以上,经本职业技师职业资格正规培训达规定标准学时数,并取得结业证书。

3.6.2.4 高级技师(具备下列条件之一者)

——取得本职业技师职业资格证书后,连续从事本职业工作 2 年以上,经本职业高级技师职业资格正规培训达规定标准学时数,并取得结业证书;

——取得本职业技师职业资格证书后,连续从事本职业工作 4 年以上。

3.6.3 鉴定方式

分为理论知识考试和技能操作考核。理论知识考试采用闭卷笔试方式,技能操作考核采用现场实际操作或模拟、口述方式。理论知识考试和技能操作考核均实行百分制,成绩皆达到 60 分及以上者为合格。技师、高级技师鉴定考核通过后,还须进行综合评审。

3.6.4 考评人员与考生配比

理论知识考试考评人员与考生配比为 1:20,每个标准教室不少于 2 名考评人员;技能操作考核考评人员与考生配比为 1:5,且不少于 3 名考评人员。综合评审委员不少于 5 名。

3.6.5 鉴定时间

理论知识考试为 120 min;技能操作考核依据考核项目而定,但不少于 60 min。

3.6.6 鉴定场所设备

理论知识考试在标准教室进行;技能操作考核在具备必要考核条件的实践场所进行。

4 基本要求

4.1 职业道德

4.1.1 职业道德基本知识。

4.1.2 职业守则:

遵纪守法,廉洁自律;

爱岗敬业,开拓创新;

诚实守信,优质服务;

规范管理,安全生产。

4.2 基础知识

4.2.1 农机专业合作社基本知识

——农机专业合作社特点、服务对象和内容;

——设立农机专业合作社的基本原则、条件、程序;

——办好农机专业合作社的要素。

4.2.2 农业机械基本知识

——农业机械的种类、用途;

——常用农业机械的基本构造、组成及功用;

——农业机械维护与修理基本知识;

——农机常用油料的种类、性能与选用。

4.2.3 农机作业知识

——农机作业市场的类型、特点和跨区作业知识;

——农业机械作业质量标准;

——农机作业相关农艺知识;

——农业机械安全作业知识。

4.2.4 相关法律、法规知识

——《中华人民共和国农民专业合作社法》的相关知识;

——《中华人民共和国劳动法》的相关知识;

——《中华人民共和国农机化促进法》的相关知识;

——《农业机械安全监督管理条例》的相关知识;

——农机专业合作社的相关法规知识。

5 工作要求

本标准对中级、高级、技师和高级技师农机合作社经理人的技能要求依次递进,高级别涵盖低级别的要求。

5.1 中级

职业功能	工作内容	技能要求	相关知识
一、经营策划	(一)市场调查	1. 能进行农机作业市场现场调查 2. 能通过网络进行农机作业市场调查	1. 农机作业市场调查的概念、目标和内容 2. 农机作业市场调查的渠道和方法
	(二)经营决策	1. 能根据市场信息选择农机作业项目 2. 能洽谈农机作业项目并签订服务合同	1. 业务洽谈基本知识 2. 农机作业服务合同的类型与内容 3. 农机作业服务合同签订的注意事项及风险防范知识
二、生产管理	(一)作业管理	1. 能根据耕整、播种和植保等农机作业需求制订单项作业计划 2. 能根据耕整、播种和植保等农机单项作业项目配备作业机具 3. 能对耕整、播种和植保等农机单项作业进行示范指导 4. 能根据作业点的实际需求和作业进度调配农机具 5. 能进行农机单项作业质量的评定	1. 农机单项作业计划的编写方法和内容 2. 耕整、播种和植保作业等农机具配备相关知识 3. 耕整、播种和植保等农机田间作业知识 4. 影响耕整、播种和植保等农机作业进度的因素 5. 农机作业质量影响因素和评定方法

（续）

职业功能	工作内容	技能要求	相关知识
二、生产管理	（二）设施设备管理	1. 能进行合作社安全防火、防盗的管理,配备防火设施 2. 能进行油料的储存与使用管理 3. 能组织农机具的日常维护 4. 能组织农机具的入库保管	1. 合作社安全防范知识 2. 油料运输和保管知识 3. 农机具日常技术维护保养知识 4. 农机具日常保管及长期存放知识
三、员工与财务管理	（一）员工管理	1. 能进行人员招聘信息的搜集与整理 2. 能招聘员工和签订劳动合同 3. 能进行员工岗前培训	1. 人员招聘需求信息来源的途径 2. 人员聘用的基本原则、条件和程序 3. 劳动合同的含义及内容 4. 岗前培训的主要形式和内容
	（二）财务管理	1. 能核算农机作业量和作业成本 2. 能核算合作社的收入、成本和费用支出	1. 农机专业合作社财务会计的职能、对象和要素 2. 农机作业量的计算方法 3. 农机作业成本的构成及核算方法 4. 合作社的收入、成本和费用支出管理常识

5.2 高级

职业功能	工作内容	技能要求	相关知识
一、经营策划	（一）市场调查	1. 能编制农机作业市场调查问卷 2. 能进行农机作业市场信息的分类与筛选	1. 农机作业市场调查问卷的编写要点 2. 农机作业市场信息资料的分类与筛选方法
	（二）经营决策	1. 能判断农机作业市场信息的准确性和有效性 2. 能拟定农机作业服务收费标准	1. 影响农机作业市场信息准确性的因素 2. 农机作业服务收费标准的原则和方法
二、生产管理	（一）作业管理	1. 能根据栽植、收获及跨区等农机作业需求制订作业计划 2. 能根据栽植、收获及跨区等农机作业项目制定机具配备方案 3. 能对栽植、收获等农机作业进行示范指导 4. 能根据农机跨区作业的需求,合理调配人员、物资和机具 5. 能依据农机作业质量标准验收作业质量	1. 栽植、收获与跨区等农机作业的主要特点及其作业计划编写的要求和注意事项 2. 不同类型农机具的作业特点和作业效率 3. 农机具的选用和动力匹配知识 4. 栽植、收获等农机作业知识 5. 农机跨区作业人员和机具配备的要求 6. 农机作业质量标准的内容和验收方法
	（二）设施设备管理	1. 能拟定合作社机库、油料库、配件库、维修车间、农具棚和机具停放场的配置方案 2. 能编制合作社的设备安全使用和管理制度 3. 能编制零配件出入库及旧件处理等制度 4. 能组织农机具定期技术维护保养	1. 机库、油料库、配件库、维修车间、农具棚和机具停放场的配置和测算知识 2. 设备安全使用管理基本知识和制度的编写基本要求 3. 农机零配件出入库及旧件处理知识 4. 农机具定期技术维护和管理知识
三、员工与财务管理	（一）员工管理	1. 能根据员工岗位特点安排培训 2. 能编制农机专业合作社员工岗位职责 3. 能进行员工绩效考评	1. 在岗培训的类型与特点 2. 农机行业职业资格证书制度相关知识 3. 员工岗位职责编制的原则和要求 4. 员工绩效考评的相关知识
	（二）财务管理	1. 能编制合作社年度费用计划 2. 能读懂财务会计报表 3. 能拟定开支审批、物资保管、财产和现金管理等制度	1. 编制年度费用计划的依据和方法 2. 财务会计报表的内容和阅读注意事项 3. 开支审批、物资保管、财产和现金管理制度的内容

5.3 技师

职业功能	工作内容	技能要求	相关知识
一、经营策划	(一)市场调查	1. 能编制农机作业市场调查方案 2. 能撰写农机作业市场调查报告	1. 农机作业市场调查方案的内容 2. 农机作业市场调查报告的撰写要求
	(二)经营决策	1. 能根据市场信息,对经营项目进行可行性分析 2. 能在项目分析的基础上,拟定经营项目的实施方案 3. 能编制农机专业合作示范社建设方案	1. 经营项目可行性分析基本知识 2. 合作社经营计划的内涵、作用、种类和编制的原则 3. 农机专业合作社示范社建设的相关知识
二、生产管理	(一)作业管理	1. 能制订耕整、播种、植保和收获等生产过程"一条龙"农机作业服务计划 2. 能制订耕整、播种、植保和收获等生产过程"一条龙"农机作业项目机具配备方案 3. 能根据作业条件组织农机实施耕整、播种、施肥等复式作业 4. 能对农机作业服务质量进行标准化管理 5. 能对农机作业项目进行经济效益分析	1. 耕整、播种、植保和收获等生产过程"一条龙"农机作业服务的内容和特点 2. 耕整、播种、植保和收获等生产过程"一条龙"农机作业机具配备相关知识 3. 耕整、播种、施肥等农机复式作业相关知识 4. 农机作业质量标准化管理知识 5. 农机作业项目经济效益分析方法
	(二)设施设备管理	1. 能对农机专业合作社设施、设备进行规范化建设和管理 2. 能编制和组织实施机务区、库房、维修车间、油料库等管理制度 3. 能编制和组织实施农机维修设备管理制度和操作规程 4. 能制订油料需求和零配件储备计划 5. 能组织农机具的季节性检修	1. 农机专业合作社设施、设备规范化建设和管理知识 2. 机务区、库房、维修车间、油料库等管理制度编写要求和内容 3. 农机维修设备管理制度和操作规程的编写要求和内容 4. 油料、零配件消耗与供应知识 5. 农机具季节性检修相关知识
三、员工与财务管理	(一)员工管理	1. 能编制合作社员工劳动规章制度 2. 能进行员工工作岗位的分析与评价 3. 能建立合作社员工的工作激励机制 4. 能进行员工薪酬管理	1. 企业劳动规章制度的含义及内容 2. 工作岗位评价信息的采集方法 3. 员工工作激励机制的类型及实施方法 4. 薪酬管理知识
	(二)财务管理	1. 能编制和组织实施合作社增收节支计划 2. 能根据财务会计制度规定,指导会计人员设置会计账簿和会计科目 3. 能组织编制合作社年度财务会计报告 4. 能组织编制合作社年度盈余分配方案和亏损处理方案	1. 合作社增收节支途径和方法 2. 合作社会计账簿和会计科目的设置要求 3. 年度财务会计报告的内容和编制要求 4. 年度盈余分配方案和亏损处理方案的编制知识

5.4 高级技师

职业功能	工作内容	技能要求	相关知识
一、经营策划	(一)市场调查	1. 能组织农机作业市场专项调查 2. 能预测农机作业市场发展趋势	1. 我国不同区域、气候及农作物生长条件农机化生产知识 2. 农机作业市场分析、预测的方法和步骤
	(二)经营决策	1. 能编制合作社的经营计划 2. 能编制农机专业合作社经营管理发展规划	1. 经营项目实施方案的内容 2. 农机专业合作社经营管理发展规划的编制要求
二、生产管理	(一)作业管理	1. 能根据当地作物品种布局,编制区域综合机械化作业方案 2. 能制定区域综合机械化的机具优化配备方案 3. 能组织实施耕整、播种、植保和收获等生产过程"一条龙"农机作业的品牌服务 4. 能进行区域综合机械化作业的经济效益分析	1. 区域综合机械化作业方案编制要点 2. 区域综合机械化机具优化配备的原则和要求 3. 耕整、播种、植保和收获等生产过程"一条龙"农机作业的品牌化服务管理的内容和要求 4. 农机作业经济效益的分析方法

（续）

职业功能	工作内容	技能要求	相关知识
二、生产管理	（二）设施设备管理	1. 能编制、实施农机专业合作社设施和设备规范化建设发展规划 2. 能组织实施农机节能减排技术 3. 能进行农机具和设备维修的优化管理	1. 农机专业合作社设施和设备规范化建设发展规划的编制要求 2. 农机节能减排技术的主要内容 3. 影响农机具维修质量与成本的主要因素
三、员工与财务管理	（一）员工管理	1. 能根据生产需要制订员工培训计划 2. 能设计合作社员工绩效管理系统 3. 能进行农机专业合作社管理经验的总结和典型案例宣讲	1. 培训需求分析的方法 2. 员工培训计划的主要内容 3. 绩效管理系统的内容和要求 4. 经验交流与典型案例分析要点
	（二）财务管理	1. 能进行合作社财务的规范化管理 2. 能利用会计信息进行合作社的财务状况分析 3. 能进行投资收益及融资业务的管理	1. 合作社财务管理规范化的要求 2. 合作社财务状况分析的相关知识 3. 投资与融资业务的基本知识

6 比重表

6.1 理论知识

项　目		中级，%	高级，%	技师，%	高级技师，%
基本要求		30	30	25	20
相关知识	经营策划	15	15	20	23
	生产管理	40	35	35	35
	员工与财务管理	15	20	20	22
合　计		100	100	100	100

6.2 技能操作

项　目		中级，%	高级，%	技师，%	高级技师，%
技能要求	经营策划	20	20	25	25
	生产管理	60	55	50	50
	员工与财务管理	20	25	25	25
合　计		100	100	100	100

ICS 03.100.30
B 90

中华人民共和国农业行业标准

NY/T 1910—2010

农机维修电工

2010-07-08 发布

2010-09-01 实施

中华人民共和国农业部 发布

前　言

本标准遵照 GB/T 1.1—2009 给出的规则起草。

本标准由农业部人事劳动司提出并归口。

本标准起草单位:农业部农机行业职业技能鉴定指导站。

本标准主要起草人:解双、温芳、韩振生、张天翊。

农机维修电工

1 范围

本标准规定了农机维修电工职业的术语和定义、职业的基本要求、工作要求。

本标准适用于农机维修电工的职业技能鉴定。

2 术语和定义

下列术语和定义适用于本文件。

2.1

农机维修电工

从事农业机械及其生产设备电气系统线路及器件等安装、调试与维护、修理的人员。

3 职业概况

3.1 职业等级

本职业共设三个等级,分别为初级(国家职业资格五级)、中级(国家职业资格四级)、高级(国家职业资格三级)。

3.2 职业环境条件

室内、外,常温。

3.3 职业能力特征

具有一定的学习、分析、推理、判断和计算能力,手指、手臂灵活,动作协调,反应敏捷。

3.4 基本文化程度

初中毕业。

3.5 培训要求

3.5.1 培训期限

全日制职业学校教育培训期限,根据其培养目标和教学计划确定。晋级培训期限:初级不少于360学时;中级不少于280学时;高级不少于200学时。

3.5.2 培训教师

培训初级的教师,应具有本职业高级职业资格证书或相关专业初级以上专业技术职务任职资格;培训中、高级的教师,应具有本职业高级职业资格证书3年以上或相关专业中级以上专业技术职务任职资格。

3.5.3 培训场地与设备

满足教学需要的标准教室和具备必要的实践设备、仪器仪表的实训场所。

3.6 鉴定要求

3.6.1 适用对象

从事或准备从事本职业的人员。

3.6.2 申报条件

3.6.2.1 初级(具备以下条件之一者)

——经本职业初级正规培训达规定标准学时数,并取得结业证书;

——在本职业连续见习工作2年以上。

3.6.2.2 中级(具备以下条件之一者)

——取得本职业初级职业资格证书后,连续从事本职业工作1年以上,经本职业中级正规培训达规定标准学时数,并取得结业证书;

——取得本职业初级职业资格证书后,连续从事本职业工作3年以上;

——连续从事本职业工作4年以上,经本职业中级正规培训达规定标准学时数,并取得结业证书;

——连续从事本职业工作6年以上;

——取得经劳动保障行政部门审核认定的、以中级技能为培养目标的中等以上职业学校相关专业毕业证书。

3.6.2.3 高级(具备以下条件之一者)

——取得本职业中级职业资格证书后,连续从事本职业工作2年以上,经本职业高级正规培训达规定培训学时数,并取得结业证书;

——取得本职业中级职业资格证书后,连续从事本职业工作4年以上;

——连续从事本职业工作9年以上,经本职业高级正规培训达规定标准学时数,并取得结业证书;

——取得劳动保障行政部门审核认定的、以高级技能为培养目标的高等职业学校相关专业毕业证书;

——取得本专业或相关专业大专以上毕业证书,经本职业高级正规培训达规定标准学时数,并取得结业证书;

——取得本专业或相关专业大专以上毕业证书后,连续从事本职业工作2年以上。

3.6.3 鉴定方式

分为理论知识考试和技能操作考核。理论知识考试采用闭卷笔试方式;技能操作考核采用现场实际操作或现场模拟方式。理论知识考试和技能操作考核均实行百分制,成绩皆达60分以上者为合格。

3.6.4 考评人员与考生配比

理论知识考试考评人员与考生配比为1∶20,每个标准教室不少于2名考评人员;技能操作考核考评员与考生配比为1∶5,且不少于3名考评员。

3.6.5 鉴定时间

理论知识考试时间不少于120 min;技能操作考核时间依考核项目而定,但不应少于90 min。

3.6.6 鉴定场所设备

理论知识考试在标准教室进行;技能操作考核在具备必要考核设备场所或模拟环境进行。

4 基本要求

4.1 职业道德

4.1.1 职业道德基本知识

4.1.2 职业守则

——遵章守法,安全生产;

——爱岗敬业,钻研技术;

——遵守规程,规范操作;

——诚实守信,优质服务。

4.2 基础知识

4.2.1 电工基础知识

——直流电、交流电与电磁;

——电路基本知识;

——供用电知识;

——常用低压电器的种类与功用；

——半导体二极管、晶体三极管和整流稳压电路；

——电工读图；

——常用电工材料；

——常用电工仪表、仪器的使用与测量。

4.2.2 农业机械电器设备基本知识

——农业机械的种类与用途；

——农业机械常用蓄电池、发电机、电动机的种类、组成与功用；

——农业机械的基本电气控制线路。

4.2.3 钳工与钎焊基础知识

——钳工（锯、锉、钻）操作；

——常用工具、量具的使用；

——钎焊。

4.2.4 安全文明生产与环境保护知识

——现场文明生产要求；

——安全操作及触电救护；

——环境保护知识。

4.2.5 相关法律、法规知识

——《中华人民共和国安全生产法》的相关知识；

——《中华人民共和国劳动法》的相关知识；

——《中华人民共和国合同法》的相关知识；

——《中华人民共和国农业机械化促进法》的相关知识；

——《农业机械产品修理、更换、退货责任规定》的相关知识；

——电力法规的相关知识。

5 工作要求

本标准对初级、中级、高级的技能要求依次递进，高级别涵盖低级别的要求。

5.1 初级

职业功能	工作内容	技能要求	相关知识
一、工作前准备	（一）劳动保护准备	1. 能准备个人劳动保护用品 2. 能采用安全措施保护自己，保证工作安全	1. 劳动保护知识 2. 安全用电知识
	（二）工量具、仪器仪表及材料选用	1. 能根据工作内容选用工具、量具 2. 能根据工作内容选用常用电工材料	1. 常用工具、量具的用途和使用、维护方法 2. 常用电工材料的种类、性能及用途
	（三）读图分析	1. 能识读拖拉机等农业机械照明、启动电路的简单电气系统原理图和接线图 2. 能识读农机生产车间照明线路、动力线路原理图、平面布置图 3. 能识读普通车床、立式钻床等设备的简单电气系统原理图和接线图	1. 电气识图基本知识 2. 动力、照明线路及接地系统知识 3. 简单电气控制原理图、接线图的识读方法

（续）

职业功能	工作内容	技能要求	相关知识
二、安装与调试	（一）配线与安装	1. 能根据用电设备的性质和容量，选择常用低压电器元件及导线规格型号 2. 能进行 19/0.82 以下多股铜导线的连接并恢复其绝缘	1. 常用低压电器的结构、原理 2. 常用导线的规格型号及选用 3. 电工操作技术与工艺知识
		能按图样要求进行拖拉机等农业机械照明电路、启动电路简单电气线路的配线和安装	拖拉机等农业机械简单电气线路的安装要点
		能按图样要求进行农机生产车间照明线路和动力线路明线、暗线的配线及安装	1. 室内低压配线知识 2. 照明及动力线路的安装知识
		能进行脱粒机、碾米机、水泵等配 7.5 kW 以下三相鼠笼异步电动机的配电板（盒）配线和电气安装	三相异步电动机磁极对数、选用及功率和转速匹配等知识
		能按图样要求进行普通车床、立式钻床等农机生产车间普通设备的简单主、控线路配电箱（板）配线和电气安装	农机生产车间普通设备配线、安装工艺知识
		能装接单相整流稳压电路等简单电子电路	简单电子电路基本原理及应用知识
	（二）检测与调试	1. 能检测、调试拖拉机等农业机械简单的照明、启动电路 2. 能检测、调试车用发电机、电启动机、调节器	1. 拖拉机等农业机械简单电气系统的调试方法和步骤 2. 车用发电机、电启动机、调节器原理与性能
		1. 能检测、调试开关、接触器、继电器等常用低压电器 2. 能检测、调试农机生产车间照明线路、动力线路及接地系统 3. 能检测、调试普通车床、立式钻床等农机生产车间普通设备简单电气系统 4. 能检测、调试单相整流稳压电路等简单电子电路	1. 常用低压电器的检测与调试知识 2. 照明线路、动力线路及接地系统的检测与调试知识 3. 农机生产车间普通设备简单电气系统的检测与调试知识 4. 简单电子电路的检测与调试知识
		能规范记录电气系统检测与调试中的电参数	检测与调试记录的基本知识
三、维护与修理	（一）设备维护	1. 能进行农业机械上蓄电池的维护保养 2. 能进行拖拉机等农业机械上发电机、电启动机、调节器的维护保养 3. 能进行农机生产车间照明线路、动力线路的维护 4. 能进行 7.5 kW 以下异步电动机的维护保养 5. 能进行普通车床、立式钻床等农机生产车间普通设备电气系统的维护	1. 蓄电池结构原理与维护保养知识 2. 车用发电机、电启动机、调节器的维护保养知识 3. 照明线路、动力线路的维护知识 4. 7.5 kW 以下异步电动机的维护保养知识 5. 农机生产车间普通设备电气系统使用、维护知识
	（二）故障诊断与排除	1. 能检查、排除拖拉机等农业机械的照明、启动电路的故障 2. 能检查、排除开关、接触器、继电器等常用低压电器的一般故障 3. 能检查、排除农机生产车间照明线路、动力线路及接地系统的电气故障 4. 能检查、排除脱粒机、碾米机等农副产品加工机组电气系统的故障 5. 能检查、排除普通车床、立式钻床等农机生产车间普通设备的简单电气故障	1. 常用农业机械简单电气故障的检查、排除方法 2. 常用低压电器的故障诊断与排除知识 3. 照明和动力线路及接地系统的电气故障诊断与排除知识 4. 农副产品加工机组和农机生产车间普通设备简单电气故障诊断与排除知识

（续）

职业功能	工作内容	技能要求	相关知识
三、维护与修理	（三）电器修理	1. 能修复开关、接触器、继电器等常用低压电器 2. 能进行 7.5 kW 以下电动机、拖拉机用发电机、电启动机等简单的换件修理	1. 钳工拆装知识 2. 低压电器修复工艺 3. 7.5 kW 以下电动机、车用发电机、电启动机拆装及换件修理知识

5.2 中级

职业功能	工作内容	技能要求	相关知识
一、工作前准备	（一）工量具、仪器仪表及材料选用	1. 能根据工作内容选用仪器仪表 2. 能检查维护常用电工仪器仪表 3. 能根据工作内容选用一般电工材料和辅助材料	1. 常用电工仪器仪表的用途和使用方法 2. 常用电工仪器仪表检查维护知识 3. 一般电工材料和辅助材料的性能与用途
	（二）读图分析	1. 能识读拖拉机、低速货车的整车电气控制原理图和接线图 2. 能识读卧式铣床、外圆磨床等农机生产车间普通设备的较复杂电气控制原理图	1. 整车电气控制原理图和接线图的读图方法 2. 农机生产车间设备较复杂电气控制原理图读图知识
二、安装与调试	（一）配线与安装	能按图样要求进行拖拉机、低速货车的整车电路配线和安装	整车电路电气配线及安装要点
		能按图样要求进行农机生产车间敷设架空线路或电缆线路的配线和安装	1. 架空线路知识 2. 电缆线路知识 3. 蹬杆作业知识
		1. 能进行三相异步电动机接线端子的首尾识别及 Y-△接线 2. 能进行农副产品加工机组配 55 kW 以下三相异步电动机的 Y-△降压等降压启动配电箱（盒）配线和电气安装	1. 三相异步电动机首尾识别及 Y-△接线知识 2. 三相异步电动机 Y-△降压等降压启动接线知识
		能按图样要求进行卧式铣床、外圆磨床等农机生产车间普通设备较复杂电气的主、控线路配电箱（板）配线与电气安装	农机生产车间设备较复杂电气线路的配线、安装工艺知识
		能按图样要求施焊印刷电路板相关元件	电器元件的焊接方法
	（二）检测与调试	能运用电器万能试验台进行电器检测	电器万能试验台的结构、原理与功用
		1. 能检测、调试拖拉机、低速货车全车电路 2. 能检测、调试分电器	1. 全车电路检测要求 2. 分电器结构、原理与性能
		1. 能检测卧式铣床、外圆磨床等农机生产车间普通设备的较复杂电气系统 2. 能进行常用农业机械及农机生产车间普通设备的通电测试工作 3. 能检测、评定修后电动机的技术状态	1. 较复杂电气系统检测方法 2. 设备正常运行基本规程 3. 电动机原理与性能

（续）

职业功能	工作内容	技能要求	相关知识
三、维护与修理	（一）故障诊断与排除	1. 能使用示波器、电桥、摇表等测量仪表 2. 能分析、排除拖拉机、低速货车等农业机械的电气故障 3. 能诊断、排除卧式铣床、外圆磨床等设备较复杂电气控制系统的故障 4. 能分析、检修、排除 55 kW 以下的交流异步电动机、60 kW 以下的直流电动机及其他特种电机的故障 5. 能进行燃油发电机组电气设备的常规检测与调试 6. 能进行常用电焊机等电器设备故障的诊断与排除	1. 示波器、电桥、摇表等仪器仪表的使用方法及注意事项 2. 机械设备电气控制系统检修规程 3. 交、直流电动机及其他特种电机的构造、工作原理和使用与拆装方法 4. 燃油发电机组电气设备技术性能指标 5. 常用电焊机常见故障诊断、排除方法
	（二）电器修理	1. 能检修小型变压器 2. 能修复硅整流发电机、磁电机 3. 能修复晶体管控制电路	1. 小型变压器的结构、原理 2. 硅整流发电机、磁电机的结构、原理 3. 晶体管控制电路修复工艺
	（三）测绘	1. 能测绘拖拉机等农业机械的照明、启动电路图 2. 能测绘普通车床、立式钻床等设备的简单主、控制电路图	电路图测绘的基本方法

5.3 高级

职业功能	工作内容	技能要求	相关知识
一、工作前准备	（一）工量具、仪器仪表及材料选用	1. 能调节常用电工仪器仪表 2. 能校对常用电工仪器仪表	1. 常用电工仪器仪表结构、工作原理 2. 常用电工仪器仪表调节方法 3. 常用电工仪器仪表的校对知识
	（二）读图分析	1. 能识读联合收割机等农业机械整机的复杂电气系统原理图 2. 能识读经济型数控机床等设备的复杂电气系统原理图 3. 能识读中、高频电源等装置的电气控制原理图	1. 农业机械整车复杂电路图读图方法 2. 经济型数控机床系统电路组成、原理 3. 中、高频电源电路分析方法
二、安装与调试	（一）配线与安装	1. 能按图样要求进行联合收割机等农业机械复杂电气系统的配线与安装 2. 能进行农机生产车间电气控制柜的配线与安装 3. 能按图样要求进行经济型数控机床等设备复杂主、控电路的配线及安装 4. 能按图样要求进行中高频电源的配线与安装 5. 能进行可编程序控制器的安装、更换	1. 农业机械整机复杂电气控制线路的安装工艺 2. 电控柜配线、安装规范 3. 数控机床、中高频电源配线、安装要求 4. 可编程序控制器的安装知识和注意事项
	（二）检测与调试	1. 能检测、调试联合收割机等复杂农业机械整车电路 2. 能检测、调试经济型数控机床等设备复杂电气系统 3. 能检测、调试中高频电源 4. 能检测、调试晶闸管调速器和调功器电路	1. 联合收割机整车电路检测方法 2. 复杂电气系统检测、调试要求 3. 晶闸管变流技术基础

（续）

职业功能	工作内容	技能要求	相关知识
三、维护与修理	（一）故障诊断与排除	1. 能诊断、排除联合收割机等农业机械复杂电气系统的故障 2. 能诊断、排除经济型数控机床的电气故障 3. 能诊断中高频电源的技术状态 4. 能进行可编程序控制器的功能性检查 5. 能检测、更换常用传感器	1. 联合收割机电气系统故障诊断与排除方法 2. 农机生产车间设备复杂电气系统分析知识 3. 中高频电源技术性能指标 4. 可编程序控制器的种类、功用、特点、控制原理等基本知识 5. 常用传感器基本知识
	（二）电器修理	1. 能修复常用电动机的定子绕组 2. 能修复燃油发电机组的电气设备	1. 电动机定子绕组修复规范 2. 燃油发电机组电气设备的结构、工作原理
	（三）测绘	1. 能测绘拖拉机、低速货车整车电路图 2. 能测绘卧式铣床、外圆磨床等设备较复杂的电气控制原理图、接线图 3. 能编制测绘电路的电器元件明细表 4. 能测绘晶闸管单元电路等电子线路并绘出其工作原理图 5. 能测绘固定板、支架、轴、套、联轴器等机电装置的零件图	1. 较复杂电路测绘方法 2. 常用电子元器件的规格、参数标识 3. 常用单元电路知识 4. 电气制图、机械制图及公差配合知识 5. 金属材料基本知识
	（四）新技术应用	能应用可编程序控制器改造较简单的继电器控制系统	1. 数字电路基础知识 2. 计算机基本知识
	（五）工艺编制	1. 能编制农业机械电气修理工艺 2. 能编制农机生产车间设备电气维修工艺	电气设备修理工艺及其编制方法
四、管理与培训	（一）组织管理	1. 能组织电工进行维修生产 2. 能进行电气维修成本核算	1. 维修企业生产管理基本知识 2. 电气维修成本核算方法
	（二）培训与指导	1. 能培训本职业初级工 2. 能指导本职业初、中级工实际操作	1. 农机维修电工培训的基本方法 2. 电气设备安装、调试要求

6 比重表

6.1 理论知识

项 目			初级,%	中级,%	高级,%
基本要求		职业道德	5	5	5
		基础知识	25	20	15
相关知识	工件前准备	劳动保护和安全文明生产	5	—	—
		工量具、仪器仪表及材料选用	12	10	8
		读图分析	8	10	10
	安装与调试	配线与安装	15	15	12
		检测与调试	10	15	15
	维护与修理	设备维护	5	—	—
		故障诊断与排除	10	15	15
		电器修理	5	6	5
		测绘	—	4	5
		新技术应用	—	—	3
		工艺编制	—	—	3
	管理与培训	组织管理	—	—	2
		培训与指导	—	—	2
合 计			100	100	100

6.2 技能操作

项　　目			初级，%	中级，%	高级，%
技能要求	工作前准备	劳动保护和安全文明生产	30	25	20
		工量具、仪器仪表及材料选用			
		读图分析			
	安装与调试	配线与安装	45	45	40
		检测与调试			
	维护与修理	设备维护	25	—	—
		故障诊断与排除		—	—
		电器修理		30	35
		测绘	—		
		新技术应用	—	—	
		工艺编制	—	—	
	管理与培训	组织管理	—	—	5
		培训与指导	—	—	
合　　计			100	100	100

ICS 65.060
B 91

中华人民共和国农业行业标准

NY/T 1916—2010

非自走式沼渣沼液抽排设备技术条件

Technical specification of fixed discharge facilities for
digested sludge and slurry

2010-07-08 发布

2010-09-01 实施

中华人民共和国农业部 发布

前　言

本标准遵照 GB/T 1.1—2009 给出的规则起草。

本标准由中华人民共和国农业部提出并归口。

本标准起草单位：农业部科技发展中心、农业部沼气产品及设备质量监督检验测试中心、中国沼气学会、东风汽车股份有限公司、河南奔马股份有限公司、湖北福田专用汽车有限责任公司、山东时风(集团)有限责任公司。

本标准主要起草人：李景明、王超、方驰、王瑞谦、李云清、林连华、刘耕、丁自立、吴杰民、邢会敏、何波勇、朱训栋、王建东、唐喜林、李珍运。

非自走式沼渣沼液抽排设备技术条件

1 范围

本标准规定了非自走式沼渣沼液抽排设备的术语和定义、型号、主要参数与基本要求、标志、运输和贮存。

本标准适用于海拔高度在 3 500 m 以下,不能自行移动的沼渣沼液抽排设备(以下简称抽排设备)。

2 规范性引用文件

下列文件对本文件的应用是必不可少的。凡是注日期的引用文件,仅注日期的版本适用于本文件。凡是不注日期的引用文件,其最新版本(包括所有的修改单)适用于本文件。

GB 191—2000 包装储运图示标志

GB/T 755—2000 旋转电机 定额和性能

GB 2555 一般用途管法兰连接尺寸

GB 2556 一般用途管法兰密封面形状和尺寸

GB/T 4942.1—2006 旋转电机整体结构的防护等级(IP 代码) 分级

GB/T 5013.2—2008 额定电压 450/750 V 及以下橡皮绝缘电缆 第 2 部分:试验方法

GB/T 9969—2008 工业产品使用说明书 总则

GB 10395.1—2001 农林拖拉机和机械 安全要求 第 1 部分:总则

GB/T 13306—1991 标牌

HG/T 3045 排吸用螺旋线增强的热塑性塑料软管

JB/T 5118 污水污物潜水电泵

JB/T 6882—2006 泵可靠性验证试验

NY/T 208 农用柴油机质量评价技术规范

3 术语和定义

下列术语和定义适用于本文件。

3.1

非自走式沼渣沼液抽排设备 fixed discharge facilities for digested sludge and slurry

以电、柴油机或汽油机为动力源,用于沼渣沼液抽排,没有罐体和行走功能的机械设备。

3.2

抽吸深度 pumping depth

从正常作业的抽排设备所在水平地面到沼气池底部的垂直距离,单位为米(m)。

3.3

系统极限压力 maximum pressure of the system

管路系统能承受的最大压力。

3.4

水平抽排距离 pumping flow rate

抽排设备到沼气池边缘的水平距离,单位为米(m)。

4 产品分类

4.1 型式

按耗能方式分为机电类和燃油类：

a) 机电类为立式,泵与电动机同轴;

b) 燃油类为卧式,泵与动力通过带或联轴器连接。

4.2 型号编制方法

型号由设备代号、类别代号、额定功率、排出口直径、企业代号组成,其顺序如下:

企业代号

排出口直径,mm

额定功率,kW

类别代号

设备代号,沼渣沼液抽排设备,Z

4.3 设备代号

用沼渣沼液第一个大写汉语拼音字母 Z 表示。

4.4 类别代号

用燃油和机电第一个大写汉语拼音字母 R、J 表示。

4.5 额定功率

用阿拉伯数字表示。

4.6 排出口直径

用阿拉伯数字表示。

4.7 企业代号

用两个大写汉语拼音字母表示,企业可自行定义。

4.8 型号编制示例

ZR-1.5-50 表示以燃油作为耗能方式、额定功率为 1.5 kW、排出口直径为 50 mm 的非自走式抽排设备。

5 要求

5.1 基本参数

抽排设备基本参数应不低于表 1 和表 2 的规定。

表 1 机电类

项目	排出口径 mm	流量 m^3/h	扬程 m	功率 kW	效率 %	抽排料液浓度 %
基本参数	50～65	≥15	≥8	≥1.5	≥35	≥10

表 2 燃油类

项目	排出口径 mm	流量 m^3/h	扬程 m	功率 kW	效率 %	抽排料液浓度 %
基本参数	50～65	≥15	≥8	≥4	≥35	≥10

5.2 一般要求

5.2.1 抽排设备应符合本标准的规定,并按照经规定程序批准的图样及技术文件制造(设备应装备小轮子,便于移动)。

5.2.2 抽排设备应具备以下作业功能:

a) 抽排;

b) 破碎切割。

5.2.3 抽排设备在下列条件下应能连续正常运行:

a) 环境温度为 0℃～45℃;

b) 沼渣沼液 pH 为 5～9;

c) 沼渣沼液浓度≥10%;

d) 切碎后的沼渣最大颗粒不大于 20 mm。

5.2.4 抽排设备应有可靠的防腐措施,无污损、碰伤、裂痕等缺陷。

5.2.5 抽排设备应转动平稳、自如、无卡阻停滞等现象。

5.2.6 抽排设备应有可靠的接地装置,引出电缆的接地线上应有明显的接地标志,并应保证接地标志在使用期间不被磨灭。

5.2.7 抽排设备排出管法兰应符合 GB 2555 和 GB 2556 的规定。如果有特殊需要,按合同要求提供。

5.3 机电类性能要求

5.3.1 电源频率50 Hz,电压为单相 220 V 或三相 380 V。

5.3.2 电源电压稳定,应能正常作业。

5.3.3 外壳防护等级为 IP×8。具有特殊要求时,应符合 GB/T 4942.1 的规定。

5.3.4 电机的定额是以连续工作制(SI)为基准的连续定额。

5.3.5 电机电气性能应符合 JB/T 5118 的规定。

5.3.6 运行期间电源电压、频率与额定值的偏差及其对电动机性能和温升限值的影响应符合 GB/T 755 的规定。

5.3.7 应有过热或过电流保护装置,必要时应有漏电保护。

5.3.8 设备组装后,密封装置和内腔(电机)应能承受压力为 0.2 MPa 历时 5 min 的气压试验而无泄漏。

5.3.9 引出电缆应采用 GB 5013.2—2008 中规定的 YZW 型或 YCW 型橡套电缆或性能相同的电缆,电缆长度不少于 10 m,也可按合同提供。

5.3.10 应有明显的红色旋转方向标记。

5.3.11 **泵装置**

a) 泵的流量、扬程等性能应满足抽排作业的要求;

b) 泵能满负荷正常运转,无异响;

c) 泵应带破碎切割机构,抽排作业时能对沼渣破碎切割。

5.3.12 管路应畅通,操作轻便可靠。

5.3.13 联轴器或带轮应符合以下要求:

a) 泵可通过弹性联轴器由配套动力机直接驱动,这时泵和配套动力机应有共同底座,并应设置联轴器护罩联轴器的两个半体应可靠固定在轴上,不应产生相对于轴的轴向和圆周方向的移动;

b) 泵也可通过带轮由配套动力机驱动,带轮应可靠地固定在轴上,不应产生相对于轴的轴向和圆周方向的移动,并应设防护装置。

5.4 燃油类性能要求

NY/T 1916—2010

5.4.1 发动机标定功率应符合使用说明书的规定,允差为±5%。

5.4.2 在大于或等于5℃环境温度,并符合下列要求的情况下起动3次,应2次起动成功:

   a) 手摇起动,每次起动时间≤30 s;

   b) 电起动,每次起动时间≤15 s。

5.4.3 在额定工况下运行时的**燃料消耗率**应符合 NY/T 208 的规定。

5.5 **可靠性要求**

在正常工作条件下,抽排设备的平均首次故障前工作时间不小于1 000 h,可靠度不小于80%。

5.6 **安全性要求**

5.6.1 传动皮带及皮带轮和其他运动部件,应置于安全位置或加防护罩或挡板或类似防护装置进行防护。

5.6.2 所有防护装置及安全距离的要求应符合 GB 10395.1 的规定,并可靠固定,不使用工具无法拆卸。

5.6.3 燃油类抽排设备燃油系统的油箱应坚固并固定牢靠,油箱、加油口及通气口应保证动力工作时不漏油。

5.6.4 **热防护**应符合以下要求:

   a) 在环境温度为23℃±3℃下测定温度大于80℃的热表面应有防护装置或挡板;

   b) 对配用蒸发式水冷却发动机的抽排设备,应有相应的安全标志告诫驾驶操作人员注意被冷却水烫伤。

5.6.5 **噪声**要求如下:

当抽排设备为电机且为动力在液面下(从机组出线口到液面)2 m 时,运行时产生的环境噪声声压级不大于65 dB(A)。

当抽排设备为发动机时,运行时产生的环境噪声声级应不大于下列规定:

   a) 柴油发动机噪声声压级不大于107 dB(A)。

   b) 汽油发动机噪声声压级不大于103 dB(A)。

5.6.6 **抽排管**要求如下:

   a) 农用柴油机驱动离心污水泵方式的抽排装置,吸入管应使用PVC钢丝螺旋增强软管或其他增强软管,吸入管长度应不小于5 m;排出管应使用有衬里消防水带,排出管长度应不小于15 m,中间加长应采用铝制快速接头。

   b) 潜污泵方式的抽排装置,排出管使用有衬里消防水带,排出管长度应不小于15 m,中间加长应采用铝制快速接头。

   c) PVC钢丝螺旋增强软管应采用聚氯乙烯(PVC)材质,管壁内嵌螺旋金属钢丝为增强骨架,管壁厚度应不小于4 mm。

   d) PVC钢丝螺旋增强软管性能符合 HG/T 3045 的规定,软管在23℃±2℃条件下进行试验时,工作压力应不小于0.4 MPa;爆破压力应不小于1 MPa。

   e) PVC钢丝螺旋增强软管在23℃±2℃条件下,在1 min内真空度达到80 kPa时,保持10 min,软管不得有吸扁及其他异常现象。

   f) 有衬里消防水带工作压力应不小于0.8 MPa,爆破压力应不小于2.4 MPa。

6 **检验规则**

抽排设备的检验分为出厂检验和型式检验。

6.1 **出厂检验**

6.1.1 每台抽排设备必须经检验合格后方能出厂,并附有证明产品质量合格的文件或标记。

6.1.2 抽排设备的出厂检验,至少应全数检查表3中有"√"的项目。所有项目必须全部合格方可签合格证出厂。

6.2 型式检验

6.2.1 有下列情况之一者,应进行型式检验:

a) 新产品或老产品转厂生产的试制定型时;

b) 产品停产一年后恢复生产时;

c) 正常生产累计500台时;

d) 正式生产后,如材料、工艺有较大改变,可能影响产品性能时;

e) 出厂检验与定型检验有重大差异时。

6.2.2 检验项目

检验项目为本标准所列全部试验项目,见表3。

6.2.1中a)类型的型式检验,要求样机2台,对其中一台样机进行性能和装配质量的检验,然后与另一台样机一起进行可靠性试验;b)~e)类型的型式检验,要求样机2台,均进行性能、装配质量和可靠性试验。

表3 试验项目

项目分类	序号	项目名称	出厂检验	型式检验
A	1	电压范围试验	√	√
	2	过热或过电流保护	√	√
	3	密封装置和内腔(电机)气压试验	√	√
	4	噪声	—	√
	5	安全防护	—	—
	6	热防护	—	—
B	1	流量	—	√
	2	扬程	√	√
	3	轴功率	—	—
	4	泵效率	—	—
	5	接地标志	√	√
	6	燃油消耗率	—	√
C	1	电机堵转试验	—	√
	2	电机最大转矩	—	√
	3	电机最小转矩	—	√
	4	整机外观	√	√
	5	固体最大颗粒的测定	—	√
"√"为应检验项目;"—"为可不检验项目。				

6.2.3 不合格分类

被检项目凡不符合第3章规定要求的均称为不合格(缺陷),按其对产品质量特性影响的重要程度分为A类不合格、B类不合格和C类不合格,各项目名称见表3。A类项目不合格称A类不合格,其余类推。

6.2.4 抽样判定方案

NY/T 1916—2010

6.2.4.1 采用 GB/T 2828.1—2003 规定的正常检查一次抽样方案,特殊检查水平 S-1,合格质量水平 (AQL)取值见表4。

表4 合格质量水平(AQL)取值表

不合格分类	A 类	B 类	C 类
检查水平	S-1		
样本数 n	2		
AQL	6.5	40	65
Ac,Re	0,1	2,3	3,4

6.2.4.2 正常批量生产时的检查批 $N=26$ 台～50 台,样本大小 $n=2$。在用户或销售部门抽取时批量 可不受限制,其他情况下检查批 N 应不小于样本大小 n。可靠性试验可以单独按规定抽取 2 台样机进 行,也可以用进行完磨合和性能试验后的 2 台样机,直接进行可靠性试验。

6.2.5 抽样

6.2.5.1 正常批量生产时的检查批样本母体不少于 10 台,抽取样机 2 台,在用户或销售部门抽取时批 量可不受限制。可靠性试验可以单独按规定抽取 2 台样机进行,也可以用进行完磨合和性能试验后的 2 台样机,直接进行可靠性试验。

6.2.5.2 正常批量生产时的检验样机在检查批中随机抽取,检查批中的所有产品应为近半年内生产 的。样机一般应在生产企业的成品库或生产线末端抽取。抽取的样机应是出厂检验合格的产品。

6.2.5.3 其他情况下检验按规定选取样机。

6.2.6 判定规则

6.2.6.1 在检验测试过程中,因产品质量原因发生的每次致命故障应计一次 A 类不合格,发生的每次 严重故障应计一次 B 类不合格,发生的每次一般故障应计一次 C 类不合格,但不应与表 3 中的规定重 复计算。

6.2.6.2 可靠性试验期间的故障只用于计算判定可靠性指标。

6.2.6.3 表 3 中规定的不合格项含有多个子项的,若其中有一子项不合格,则应判该项不合格。

6.2.6.4 在检验测试过程中,因产品质量发生了一项 A 类不合格,则可以停止检测,并判为不合格。

6.2.6.5 按表 4 规定,各类不合格的项目数均小于或等于对应的允许不合格数时判定被检批样本合 格,否则判定被检批样本不合格。

7 标志和随机文件

7.1 标志

抽排设备应在明显的部位固定产品标牌,标牌规格尺寸应符合 GB/T 13306 的规定,铭牌至少应标 明以下项目:

a) 制造厂名;

b) 型号及名称;

c) 额定流量,m^3/h;

d) 额定扬程,m;

e) 额定功率,kW;

f) 额定电压,V;

g) 额定电流,A;

h) 额定转速,r/min;

i) 额定频率,Hz;

j) 绝缘等级；

k) 出厂编号和日期；

l) 设备质量(不包括电缆)，kg；

m) 排出口直径，mm。

注：燃油类抽排设备没有 f)、g)、i)、j)项目。

7.2 随机文件

7.2.1 出厂的每台抽排设备，制造厂应提供下列文件：

a) 产品使用说明书(含电机、发动机使用说明书)；

b) 产品合格证；

c) 零件或易损件目录(用户与制造厂协商确定)；

d) 备件、附件和随机工具清单。

7.2.2 使用说明书

a) 使用说明书是交付产品的组成部分，必须与抽排设备一起提供给用户；

b) 使用说明书的基本要求、内容和编制方法等应符合 GB/T 9969 的规定；

c) 使用说明书中必须有提醒操作者的安全注意事项。

8 包装、运输和贮存

8.1 包装标志

包装箱外型的文字和标志应整齐清楚，内容包括：

a) 发货站、制造厂名及厂址；

b) 收货站及收货单位名称；

c) 抽排设备型号；

d) 抽排设备净重及连同包装的毛重；

e) 箱子外形尺寸；

f) 在包装箱的适当部位应有必要的图样和文字，其图形应符合 GB 191 的规定。

8.2 包装

8.2.1 抽排设备的包装应能保证在正常运输条件下不致因包装不善而损坏。

8.2.2 每台抽排设备应附有下列随机文件和附件：

a) 装箱单；

b) 产品合格证；

c) 使用维护说明书；

d) 其他必要的随机文件；

e) 必备的随机附件。

8.3 运输和贮存

8.3.1 运输

抽排设备运输时，应固定牢靠、不松动。必要时应有可靠的吊装方式，应保证备件、附件、随机工具在正常运输中不致损伤和丢失。

8.3.2 贮存

在干燥通风的仓贮条件下，制造厂应保证抽排设备及其备件、附件、随机工具或专用工具的防锈期自出厂之日起不少于 12 个月。

ICS 65.060
B 91

NY/T 1917—2010

中华人民共和国农业行业标准

自走式沼渣沼液抽排设备技术条件

Mobile discharge facilities for digested sludge and slurry

2010-07-08 发布

2010-09-01 实施

中华人民共和国农业部 发布

前　言

本标准遵照 GB/T 1.1—2009 给出的规则起草。

本标准由中华人民共和国农业部提出并归口。

本标准起草单位：农业部科技发展中心、农业部沼气产品及设备质量监督检验测试中心、中国沼气学会、东风汽车股份有限公司、河南奔马股份有限公司、湖北福田专用汽车有限责任公司、山东时风(集团)有限责任公司。

本标准主要起草人：李景明、王超、方驰、王瑞谦、李云清、林连华、刘耕、丁自立、吴杰民、邢会敏、何波勇、朱训栋、王建东、唐喜林、李珍运。

自走式沼渣沼液抽排设备技术条件

1 范围

本标准规定了自走式沼渣沼液抽排设备的术语和定义、型号、主要参数与基本要求、检验规则、标志、运输和贮存。

本标准适用于海拔高度在 3 500 m 以下,采用定型汽车或农用车底盘,配装定型的柴油机或汽油机,最高时速不超过 60 km/h 的自走式沼渣沼液抽排设备(以下简称抽排设备)。

2 规范性引用文件

下列文件对本文件的应用是必不可少的。凡是注日期的引用文件,仅注日期的版本适用于本文件。凡是不注日期的引用文件,其最新版本(包括所有的修改单)适用于本文件。

GB 1589 道路车辆外外廓尺寸,轴荷及质量限值

GB/T 2828.1—2003 计数抽样检验程序 第 1 部分:按接收质量限(AQL)检索的逐批检验抽样计划

GB 7258—2004 机动车运行安全技术条件

GB/T 9969—2008 工业产品使用说明书 总则

GB 10395.1—2001 农林拖拉机和机械 安全技术要求 第 1 部分:总则

GB 10396—2006 农林拖拉机和机械、草坪和园艺动力机械 安全标志和危险图形 总则

GB/T 13306—1991 标牌

GB 18320—2008 三轮汽车和低速货车 安全技术要求

GB/T 19407 农用拖拉机操纵装置最大操纵力

JB/ZQ 3011 工程机械焊接通用技术条件

JB/T 5673—1991 农林拖拉机及机具涂漆 通用技术条件

JB/T 6712—2004 拖拉机外观质量要求

3 术语和定义

下列术语和定义适用于本文件。

3.1

自走式沼渣沼液抽排设备 mobile discharge facilities for digested sludge and slurry

以柴油机或汽油机为行走动力装置,有封闭罐体,通过泵用于沼气池内的沼渣沼液抽排,并能利用自带动力行走的机械设备。

3.2

罐体容积 cubage of tank

抽排设备罐体所允许的最大装载容积,单位为立方米(m^3)。

3.3

抽吸深度 pumping depth

从正常作业罐体底部到沼气池底部的垂直距离,单位为米(m)。

3.4

抽吸距离 pumping distance

抽排设备从正常作业的位置到沼气池边缘的水平距离,单位为米(m)。

3.5

沼渣沼液浓度 thickness of digested sludge and slurry

沼气原料干物质与沼气池装料总量的百分比,单位为百分率(%)。

3.6

沼渣沼液抽吸流量 pumping flux of digested sludge and slurry

抽排设备正常作业时,每分钟抽吸入罐体内的沼渣沼液体积,单位为立方米每分钟(m^3/min)。

3.7

系统最大真空度 maximum vacuum of the system

罐体内能产生的最大真空度(压力值 MPa)。

4 型号

4.1 型号编制方法

型号由设备代号、类别代号、罐体容积、企业代号、设计代号组成,其顺序如下:

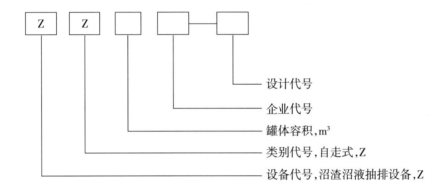

4.2 设备代号

用沼渣沼液第一个大写汉语拼音字母 Z 表示。

4.3 类别代号

用自走式第一个大写汉语拼音字母 Z 表示。

4.4 罐体有效容积

用阿拉伯数字表示,最多保留一位小数。

4.5 企业代号

用两个大写汉语拼音字母表示,企业可自行定义。

4.6 设计代号

用一个或两个大写英文字母或阿拉伯数字表示,企业可自行定义。

4.7 型号编制示例

ZZ—1.5 表示罐体容积为 1.5 m^3 的自走式沼渣沼液抽排设备。

5 主要参数与基本要求

5.1 基本设计参数

见表1。

表 1 基本设计参数

项 目	指 标 值							
型号	ZZ—1.0	ZZ—1.5	ZZ—2.0	ZZ—3.0	ZZ—4.0	ZZ—5.0	ZZ—6.0	ZZ—8.0
罐体容积,m^3	1.0	1.5	2.0	3.0	4.0	5.0	6.0	8.0
罐体容积偏差率,%	≤±3	≤±3	≤±3	≤±4	≤±4	≤±4	≤±5	≤±5
抽吸距离,m	≥20	≥20	≥30	≥30	≥30	≥30	≥30	≥30
抽吸深度,m	≥3	≥3	≥4	≥4	≥4	≥4	≥5	≥5
流量,m^3/min	≥0.25	≥0.25	≥0.25	≥0.25	≥0.25	≥0.25	≥0.40	≥0.50
抽排料液浓度,%	≥10	≥10	≥10	≥10	≥10	≥10	≥10	≥10
罐体内残渣率,%	<4	<4	<4	<3	<3	<3	<3	<3

5.2 一般要求

5.2.1 抽排设备应符合本标准的规定,并按照经规定程序批准的图样和技术文件制造。

5.2.2 所有零部件应经检验部门检验合格后方可装配,外购外协零部件应具有制造厂商提供的产品合格证明,并经进厂检验合格后方可装配。

5.2.3 用紧固件连接的各零件、部件应按要求连接可靠,不得有松动现象。重要部位紧固件的紧固力矩应符合产品图样或使用说明书的规定。

5.2.4 焊接件应符合 JB/ZQ 3011 的规定。

5.2.5 抽排设备应具备以下作业功能:

    a) 抽排;

    b) 自走;

    c) 搅拌;

    d) 破碎;

    e) 喷射;

    f) 喷淋。

    注:a)、b)、c)为必备功能。

5.2.6 抽排设备在下列环境条件下应能正常工作:

    a) 环境温度为 0℃～45℃;

    b) 沼渣沼液 pH 为 5～9;

    c) 沼渣沼液浓度≥10%;

    d) 海拔高度 3 500 m 以下。

5.3 抽排设备发动机功率

5.3.1 海拔高度低于 2 500 m 时,采用三轮汽车、低速货车底盘的抽排设备比功率不应小于 5.0 kW/t;采用汽车底盘的抽排设备比功率不允许小于 6.0 kW/t。

5.3.2 海拔高度 2 500 m～3 000 m 时,海拔高度每升高 100 m,发动机功率应相应增加 5%;海拔高度高于 3 000 m 时,海拔高度每升高 100 m,发动机功率应相应增加 10%。

    注:比功率为发动机最大净功率(或 0.9 倍的发动机额定功率或 0.9 倍的发动机标定功率)与机动车最大允许总质量之比。

5.4 外观

5.4.1 涂漆前的表面质量应符合 JB/T 6712 的规定。漆膜的颜色或色差应符合产品技术文件的规定,并应不致影响对安全标志的视读。

5.4.2 主要覆盖件涂层质量应符合 JB/T 5673 的规定。

5.4.3 各类标志、铭牌和标记的位置应正确、无歪斜、安装牢固或粘贴平整。

5.5 整体结构

5.5.1 抽排设备不应有漏油、漏水、漏气现象。

5.5.2 抽排设备运转和行驶中发动机、传动系及其他部件不应有异常响声。

5.5.3 抽排设备整体外廓尺寸应符合 GB 1589 的规定。

5.5.4 整车形式采用一体式和配有牵引力的吸运单元式。

5.6 操纵机构

5.6.1 各操纵机构应轻便灵活,松紧适度,各机构行程应符合使用说明书的规定。各操纵装置的最大操纵力应符合 GB/T 19407 的规定。

5.6.2 所有自动回位的操纵手柄、踏板,在操纵力去除后,应能自动复位。

5.7 抽排系统

5.7.1 泵装置

a) 泵的流量、扬程等性能应满足抽排作业的要求;

b) 泵能满负荷正常运转,无异响;

c) 泵体表面最大温升不得超过 50℃;

d) 泵应可靠耐用,能一次性持续不停机运转正常不小于 2 h。

5.7.2 管路

a) 抽排管路应畅通,操作轻便可靠;

b) 配备管道长度应符合抽吸距离要求;

c) 管道接口连接牢固,密封;

d) 管道长度应大于抽吸距离;

e) 管道进料口直径 $D \geqslant 100$ mm,出料口直径 $D \geqslant 100$ mm。

5.7.3 液面装置

a) 应设置显示罐体内液面高度的装置;

b) 应设置报警及防溢装置;

c) 应设置自动泄压阀。

5.7.4 系统气密性

a) 抽排系统在真空度为 -0.065 MPa 时,10 min 后真空度下降应大于或等于 -0.01 MPa;

b) 抽排系统应能承受 0.08 MPa 压力,保持 5 min 不得有渗漏。

5.8 贮液罐

5.8.1 罐体形状宜采用椭圆柱体设计。

5.8.2 罐体钢板厚度应符合表 2 的规定。

表 2 罐体钢板厚度

罐体容积,m³	罐体钢板厚度,mm
1.0~2.0	≥3.5
3.0~5.0	≥4.0
6.0~8.0	≥5.0

5.8.3 表面应平整,无明显凹凸不平现象。

5.8.4 罐体内应设置防波板,在承受罐体内沼渣沼液的冲击和震荡情况下,能使抽排设备保持稳定。

5.8.5 罐体顶部应设置检修孔,且便于对罐体内部进行清洗和维修。

5.8.6 罐体上方应设置扶手,以便攀扶。

5.8.7 罐体应设置清淤口,便于清理沉渣淤泥。

5.8.8 罐体表面任一素线直线度允差在每米范围内不应大于 5 mm,罐体全长范围内不大于 12 mm。

5.8.9 罐体内外表面应进行防腐处理。

5.8.10 罐体可固定式,也可自卸式。

5.8.11 罐体上方应安装真空压力表,最小刻度≥0.01 MPa。

5.9 行驶要求

5.9.1 抽排设备最小离地间隙应不小于 160 mm。

5.9.2 抽排设备在环境温度≥5℃,并符合下列要求的情况下起动 3 次,应有 2 次起动成功:

  a) 电起动,每次起动时间小于或等于 15 s;

  b) 手摇起动,每次起动时间小于或等于 30 s。

5.10 行车制动性能

在规定试验条件下的行驶制动性能应符合表 3 的规定。

表 3 制动距离和制动稳定性要求

制动初速度 km/h	满载检验制动距离要求 M	空载检验制动距离要求 m	抽排设备任何部位不得 超出的试车道宽度,m
30	≤9	≤8	2.5

5.11 驻坡制动性能

满载情况下在坡度为 20% 的上、下坡道上应能可靠停车制动。

5.12 安全要求

5.12.1 起动开关和油门控制机构

  a) 抽排设备起动开关各位置的功能、操作方向应清晰地标出,并与背景有明显的色差。沼渣沼液抽排设备的起动开关不应依靠驾驶员施加持续力即可处于熄火位置。处于熄火位置时,只有经人工恢复到正常位置后方能再起动。

  b) 发动机在全程调速范围内能稳定运转,并能直接或通过熄火装置使发动机停止运转。

5.12.2 操作机构

操作机构不应有任何可能使人致伤的锐角、利棱或尖锐突起物。

5.12.3 行驶和转向状态

抽排设备在平坦、硬实、干燥和清洁的道路上行驶不应跑偏,其转向装置不应有摆振、路感不灵或其他异常现象。

5.12.4 照明、信号装置及仪表

应符合 GB 7258 的规定。

5.12.5 安全防护

  a) 抽排设备传动皮带及飞轮、风扇和其他运动部件,在正常起动或运行中,可能导致危险的,应置于安全位置或加防护罩或挡板或类似防护装置进行防护;

  b) 所有安全防护装置及安全距离的要求应符合 GB 10395.1 的规定;

  c) 热防护应符合 GB 18320 的规定。

5.12.6 安全标志

  a) 对抽排设备的遗留风险,应根据对应危险的严重程度设置相应的安全标志,安全标志的形式、

构成、颜色和尺寸应符合 GB 10396 的规定;

    b) 安全标志应设置在接近危险部位处,且耐久、清晰、可视。

5.13 环保要求

5.13.1 抽排设备驾驶员操作位置处噪声应不大于 94 dB(A)。

5.13.2 排设备加速行驶机外噪声应不大于 84 dB(A)。

5.13.3 抽排设备自由加速排气烟度应不大于 4.0 Rb。

5.14 可靠性

5.14.1 抽排设备可靠性试验的行驶里程应不小于 10 000 km,平均故障间隔里程(MTBF)应不小于 2 000 km,无故障性综合评分值(Q)应不小于 60 分。试验中不得出现致命故障。

5.14.2 抽排设备专用装置可靠性应符合下列要求:

    a) 抽排 1 000 次可靠性作业循环,首次故障前作业时间不少于 600 次作业循环时间;

    b) 抽排作业平均无故障次数不少于 200 次,可靠度不小于 80%。

5.15 选装功能

5.15.1 破碎装置应工作可靠,无卡滞,破碎直径应不大于 30 mm,最大长度尺寸应不大于 50 mm,并不得造成管路堵塞。

5.15.2 喷射装置的射程应不小于 15 m。

5.15.3 喷雾装置应雾化良好,喷雾量应不小于 1.0 m³/h。

6 检验规则

抽排设备的检验分为出厂检验和型式检验。

6.1 出厂检验

6.1.1 每台抽排设备必须经检验合格后方能出厂,并附有证明产品质量合格的文件或标记。

6.1.2 抽排设备的出厂检验,至少应全数检查表 5 中有"√"的项目。所有项目必须全部合格方可签合格证出厂。

6.2 型式检验

6.2.1 有下列情况之一者,应进行型式检验:

    a) 新产品或老产品转厂生产的试制定型时;

    b) 产品停产一年后恢复生产时;

    c) 正常生产累计 1 000 台时;

    d) 正式生产后,如材料、工艺有较大改变,可能影响产品性能时;

    e) 出厂检验与定型检验有重大差异时。

6.2.2 检验项目

检验项目为本标准所列全部试验项目,见表 5。

6.2.1 中 a)类型的型式检验,要求样机 2 台,对其中一台样机进行性能和装配质量的检验,然后与另一台样机一起进行可靠性试验;b)~e)类型的型式检验,要求样机 2 台,均进行性能、装配质量和可靠性试验。

6.2.3 不合格分类

被检项目凡不符合第 5 章规定要求的均称为不合格(缺陷),按其对产品质量特性影响的重要程度分为 A 类不合格、B 类不合格和 C 类不合格,各项目名称见表 4。A 类项目不合格称 A 类不合格,其余类推。

表 4　试验项目

项目分类	序号	项目名称	出厂检验	型式检验
A	1	操纵机构安全要求	√	√
	2	行车制动性能	√	√
	3	驻坡制动性能	√	√
	4	行驶安全要求	√	√
	5	传动安全要求	√	√
	6	危险运动部件的防护	√	√
	7	产品标牌的装置和内容	—	√
	8	操纵件、指示器及信号装置的图形标志	√	√
	9	安全标志	√	√
	10	噪声	—	√
	11	烟度	—	√
	12	可靠性	—	√
B	1	抽排系统	√	√
	2	抽吸深度	—	√
	3	系统极限压力	√	√
	4	转向装置操纵、转向装置摆振等要求	√	√
	5	起动性能	√	√
	6	滑行性能	√	√
C	1	紧固件连接要求	√	√
	2	外观质量	√	√
	3	最小离地间隙	—	√
	4	罐体、抽排系统等密封性要求	√	√
	5	运行中响声要求	√	√
	6	离合器踏板操纵要求	√	√
	7	制动踏板、驻坡操纵装置操纵要求	√	√
	8	操纵机构的操纵力矩	—	√
	9	抽吸距离	—	√
	10	压力排空时间	—	√
	11	作业时泵温升	√	√
	12	残渣率	—	√
	13	随机文件要求	√	√
	14	备件、附件及随机工具齐全性	√	√
"√"为应检验项目；"—"为可不检验项目。				

6.2.4　抽样判定方案

6.2.4.1　采用 GB/T 2828.1—2003 规定的正常检查一次抽样方案,特殊检查水平 S—1,合格质量水平(AQL)取值见表 5。

表5 合格质量水平(AQL)取值表

不合格分类	A类	B类	C类
检查水平	S—1		
样本数 n	2		
AQL	6.5	40	65
Ac,Re	0,1	2,3	3,4

6.2.4.2 正常批量生产时的检查批 $N=26$ 台~50 台,样本大小 $n=2$。在用户或销售部门抽取时批量可不受限制,其他情况下检查批 N 应不小于样本大小 n。可靠性试验可以单独按规定抽取 2 台样机进行,也可以用进行完磨合和性能试验后的 2 台样机,直接进行可靠性试验。

6.2.5 抽样

6.2.5.1 正常批量生产时的检查批样本母体不少于 10 台,抽取样机 2 台,在用户或销售部门抽取时批量可不受限制。可靠性试验可单独按规定抽取 2 台样机进行,也可以用进行完磨合和性能试验后的 2 台样机,直接进行可靠性试验。

6.2.5.2 正常批量生产时的检验样机在检查批中随机抽取,检查批中的所有产品应为近半年内生产的。样机宜在生产企业的成品库或生产线末端抽取。抽取的样机应是出厂检验合格的产品。

6.2.5.3 其他情况下检验按规定选取样机。

6.2.6 判定规则

6.2.6.1 在检验测试过程中(包括磨合期间),因产品质量原因发生的每次致命故障应计一次 A 类不合格,发生的每次严重故障应计一次 B 类不合格,发生的每次一般故障应计一次 C 类不合格,但不应与表 4 中的规定重复计算。

6.2.6.2 可靠性试验期间的故障只用于计算判定可靠性指标。

6.2.6.3 表 5 中规定的不合格项含有多个子项的,若其中有一子项不合格,则应判该项不合格。

6.2.6.4 在检验测试中,如产品质量发生了一项 A 类不合格,判为不合格。

6.2.6.5 按表 5 规定,各类不合格的项目数均小于或等于 Ac 时判定为合格,大于或等于 Re 时判为不合格。

7 标志、随机文件

7.1 标志

抽排设备应在明显的部位固定产品标牌,标牌规格尺寸应符合 GB/T 13306 的规定。标牌应标明品牌,产品型号,产品名称,发动机额定功率,罐体容积,总质量,载质量,整备质量,识别代号(VIN),执行标准、出厂年、月、日,生产厂名称及地址,制造国。

7.2 随机文件

7.2.1 出厂的每台抽排设备,制造厂应提供下列文件:

    a) 产品使用说明书;

    b) 产品合格证;

    c) 零件或易损件目录(用户与制造厂协商确定);

    d) 备件、附件和随机工具清单。

7.2.2 使用说明书

    a) 使用说明书是交付产品的组成部分,必须与抽排设备一起提供给用户;

    b) 使用说明书的基本要求、内容和编制方法等应符合 GB/T 9969 的规定,使用说明书中必须有提醒操作者的安全注意事项。

8 运输和贮存

8.1 运输

抽排设备运输时,应固定牢靠、不松动。必要时应有可靠的吊装方式,应保证备件、附件、随机工具在正常运输中不致损伤和丢失。

8.2 贮存

抽排设备应在干燥、通风的仓储条件下贮存。存放期间及存放场地应采取和具备防水、防火、防冻、防锈蚀等措施,并按产品说明书的规定进行定期保养。

ICS 65.060.01
B 08

中华人民共和国农业行业标准

NY 1918—2010

农机安全监理证证件

The licence of agricultural machinery safety supervision

2010-07-08 发布

2010-09-01 实施

中华人民共和国农业部 发布

前　言

本标准的全部技术内容为强制性。

本标准依据 GB/T 1.1—2009《标准化工作导则　第 1 部分:标准的结构和编写》编制。

本标准由农业部农业机械化管理司提出。

本标准由全国农业机械标准化技术委员会农业机械化分技术委员会(SAC/TC201/SC2)归口。

本标准起草单位:农业部农机监理总站、湖南省农机监理总站、黑龙江省农机安全监理总站。

本标准主要起草人:涂志强、胡东元、柴小平、王超、杨国成、王峰。

农机安全监理证证件

1 范围

本标准规定了农机安全监理证证件的组成、式样、规格、印刷、质量要求、印章、试验方法、验收规则、标志、包装、运输、核发、审验和佩带等。

本标准适用于农机安全监理证证件的制作、质量检验和管理。

2 规范性引用文件

下列文件对于本文件的应用是必不可少的。凡是注日期的引用文件,仅所注日期的版本适用于本文件。凡是不注日期的引用文件,其最新版本(包括所有的修改单)适用于本文件。

GB/T 191—2008 包装储运图示标志

GB/T 3181—2008 漆膜颜色标准

QB/T 3523—1999 白卡纸

3 组成

农机安全监理证证件由证夹、主证、副证(未取得检验员、考试员和事故处理员资格的可暂无副证)和证套组成,副证分为检验员证、考试员证和事故处理员证。

4 式样

4.1 证夹

外皮为黑色人造革,左侧内皮为单层透明无色塑料,右侧内皮为三层黑色人造革,具体式样应符合附录 A 的规定。

4.2 主证

为塑封套密封的主证证卡。主证证卡正面和背面的格式及内容应符合附录 B 的规定,底色为白色,花纹图案应符合附录 C 的规定,花纹颜色为 GB/T 3181—2008 中 G01 苹果绿色。塑封套采用聚酯薄膜材料,左上角应印有符合附录 D 的农机监理行业标识主标志,并采用拉丝防伪技术。

4.3 副证

为塑封套密封的副证证卡。副证证卡正面和背面的格式及内容应符合附录 E、附录 F、附录 G 的规定,底色、花纹图案、花纹颜色及塑封套同 4.2。

4.4 证套

证套采用透明塑料材料,中空,左右两侧及下侧封闭,上缘开口,背面嵌有安全别针或小夹子。

5 规格

5.1 证夹

折叠后长 102 mm±1 mm,宽 73 mm±1 mm,圆角半径 4 mm±0.1 mm。

5.2 证卡

包括主证证卡和副证证卡,规格相同。长 88 mm±0.5 mm,宽 60 mm±0.5 mm,圆角半径 4 mm±0.1 mm。

5.3 塑封套

长 95 mm±0.5 mm,宽 66 mm±0.5 mm,圆角半径 4 mm±0.1 mm。

5.4 主证和副证

为塑封后的主证证卡和副证证卡,规格相同。长 95 mm±0.5 mm,宽 66 mm±0.5 mm,圆角半径 4 mm±0.1 mm。

5.5 证套

长 100 mm±1 mm,宽 71 mm±1 mm,内缘间隙 1 mm±0.1 mm,可插入副证。

6 印刷

6.1 文字

使用的汉字为国务院公布的简化字。民族自治地方的自治机关根据本地区的实际情况,在使用汉字的同时,可以决定附加使用本民族的文字或选用一种当地通用的民族文字。

6.2 字体和颜色

6.2.1 证夹

证夹正面"中华人民共和国"字体为小二号楷体(GB2312),位置居中,烫银压字;农机监理行业标识副标志应符合附录 D,烫银压字;"农机安全监理证"字体为一号黑体,位置居中,烫银压字;证夹背面"农业部农业机械化管理司监制"字体为四号宋体,压字无色。

6.2.2 主证

主证正面"农机安全监理证"字体为小二号黑体,位置居中,字体颜色为黑色;"证号"、"姓名"、"性别"、"工作单位"、"职务"、"发证日期"等其他文字的字体为小四号宋体,字体颜色为黑色;主证背面"持证须知"字体为三号宋体,位置居中,字体颜色为黑色;持证须知正文文本字体为五号宋体,字体颜色为黑色。

6.2.3 副证

副证正面"检验员"(或"考试员"、"事故处理员")字体为小二号黑体,位置居中,字体颜色为黑色;"证号"、"姓名"、"性别"、"单位"、"发证日期"等其他文字的字体为小四号宋体,字体颜色为黑色;副证背面"证件审验记录"字体为三号宋体,位置居中,字体颜色为黑色。

7 质量要求

7.1 印刷质量

采用普通胶印印刷的文字,应无缺色,无透印,版面整洁,无脏、花、糊,无缺笔画。

7.2 证夹

证卡应能轻松地插入或取出。证夹外表手感柔软,外型规正挺括,折叠后不错位,外表无气泡,色泽均匀,烫银字清晰无边刺,内皮透明无裂纹,内外皮封口牢固、均匀、无错位。证夹在温度—50℃～60℃的环境下无开裂、脆化、软化等现象。

7.3 证卡

证卡用符合 QB/T 3523—1999 要求的 200 g～250 g 的高密度、高白度白卡纸。

7.4 塑封套

封接牢固,外观平整,封口均匀,不起泡、不出皱,内页字迹清晰。

7.5 证套

颜色透明,外观平整。

8 印章

8.1 规格

证件章为圆形,直径为 20 mm,框线宽为 1.2 mm。

8.2 印文

印章内嵌发证机构全称和"农机安全监理证证件专用章"字样,印文使用的汉字为国务院公布的简化汉字,字体为五号宋体,中央刊五角星。民族自治地方的自治机关根据本地区的实际情况,在使用全国通用格式的同时,可以决定附加使用本民族的文字或选用一种当地通用的民族文字。式样见附录B。

9 试验方法及验收规则

9.1 检验项目

生产厂家应对生产的证夹、证卡、塑封套及证套进行质量检验。检验项目有:
——规格;
——颜色和图案;
——印刷质量;
——外观;
——材料;
——制作质量。

9.2 规格检验

应用卡尺测量。

9.3 证卡材料检验

应按照 QB/T 3523—1999 进行检验。

9.4 证夹耐温试验

应在符合标准的高低温试验箱中进行,证夹在−50℃和60℃的温度时,分别保持10 min后,根据7.2质量要求进行检查。

9.5 颜色检验

证卡图案颜色、证夹颜色依照 GB/T 3181—2008 进行检验。

9.6 验收方式

每批次随机抽验数量应不少于总数的0.1%。总数不大于20 000件时,每批次随机抽验数量为20件。每件中有一项不符合本标准规定,该件为不符合本标准的规定。有一件不符合本标准的规定,应加倍数量抽验,如仍有一件不合格,则该批产品为不合格。

10 标志、包装、运输

10.1 标志

在包装箱体上应有产品名称、数量、标准号、包装箱编号、包装箱外廓尺寸、总质量、生产单位名称和地址、出厂年月日及注意事项的标记。

在包装箱体上应有"勿受潮湿"等标志。标志使用应符合 GB 191—2008 的规定。

10.2 包装

10.2.1 各类证卡每100张为一小包装,每100小包装为一大包装,使用防潮纸加封。

10.2.2 塑封套每100张为一小包装,每100小包装为一大包装,使用防潮纸加封。

10.2.3 证夹每50个为一小包装,每20小包装为一大包装,使用防潮纸加封。

10.2.4 证套每50个为一小包装,每20小包装为一大包装,使用防潮纸加封。

10.2.5 每包装箱应有合格证,合格证上应记录产品名称、数量、生产单位、生产日期、检验人员章、验收注意事项等。

10.3 运输

在运输过程中应防雨、防潮。

11 核发

11.1 字体

主证和副证上的签注内容应使用专用打印机打印,字体为小四号宋体,颜色为黑色。

11.2 照片

照片为持证者本人近期彩色白底免冠、正面照片(矫正视力者须戴眼镜),尺寸为 32 mm×22 mm(1寸照片),头部约占照片长度的 2/3。

11.3 内容

"职务"填写行政职务,没有行政职务的填写"农机安全监理员"。

11.4 证号

农机安全监理证证号包含主证证号及相应副证证号,应与农机安全监理员胸徽号码一致。

11.5 签章

农机安全监理证主证及副证上应加盖发证机构印章,并进行塑封。

12 审验

核发副证和审验合格时,应在副证背面证件审验记录栏内签注:"审验合格至××××年××月有效"。

13 佩带

农机安全监理员在开展拖拉机联合收割机安全技术检验、拖拉机联合收割机驾驶人考试、农业机械事故处理等业务时应在左胸前佩带农机安全监理证相应副证。佩带副证时,应将相应副证从证夹内取出,置于证套内,别于左胸前。

附　录　A
（规范性附录）
农机安全监理证证夹式样

附 录 B

(规范性附录)

农机安全监理证主证式样

B.1　主证正面

B.2　主证背面

持 证 须 知

　　1.本证为农机安全监理人员的工作证件,盖章有效,执行公务时应随身携带本证,仅限本人使用。

　　2.考试员、检验员、事故处理员证件每四年审验一次,未经审验无效。

　　3.持证人应妥善保管证件,不得损毁或者转借他人。如有遗失及时报告发证机构,申请补发。

　　4.持证人退休、辞职、调离农机安全监理机构的,应当将本证交回发证机构。

　　5.持证人应当自觉遵守《农机安全监理人员管理规范》。

附　录　C
（规范性附录）
农机安全监理证主证和副证底纹图案式样

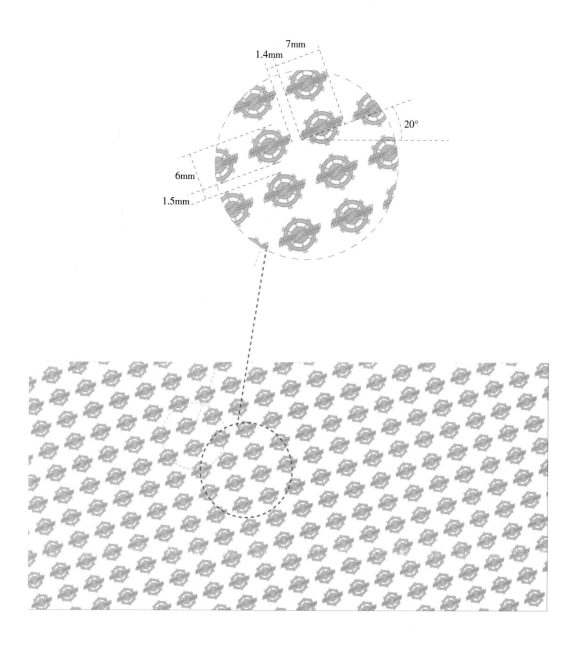

附 录 D

（规范性附录）

农机监理行业标识式样

D.1 农机监理行业标识主标志式样

D.2 农机监理行业标识副标志式样

附 录 E

（规范性附录）

农机安全监理证检验员副证式样

E.1 检验员副证正面

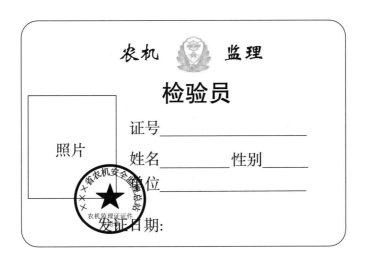

E.2 检验员副证背面

证件审验记录

1	审验合格至xxxx年xx月有效
2	
3	
4	

附　录　F

（规范性附录）

农机安全监理证考试员副证式样

F.1　考试员副证正面

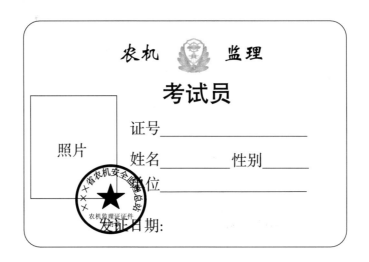

F.2　考试员副证背面

	证件审验记录	
1	审验合格至××××年××月有效	
2		
3		
4		

附　录　G

（规范性附录）

农机安全监理证事故处理员副证式样

G.1　事故处理员副证正面

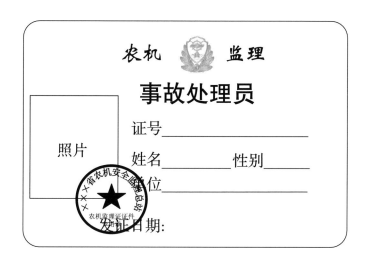

G.2　事故处理员副证背面

ICS 65.060.20
B 91

中华人民共和国农业行业标准

NY 1919—2010

耕整机安全技术要求

Safety requirements for agricultural tiller

2010-07-08 发布

2010-09-01 实施

中华人民共和国农业部 发布

前　言

本标准依据 GB/T 1.1—2009《标准化工作导则　第 1 部分:标准的结构和编写》编制。

本标准由农业部农业机械化管理司提出。

本标准由全国农业机械标准化技术委员会农业机械化分技术委员会(SAC/TC201/SC2)归口。

本标准起草单位:湖南省农业机械鉴定站、农业部农业机械试验鉴定总站、重庆市农业机械鉴定站。

本标准主要起草人:王志军、宋英、吴文科、王洪明、曲桂宝、王健康、孙松林、杨懿、徐全跃、唐海波。

耕整机安全技术要求

1 范围

本标准规定了耕整机的术语和定义、离合装置、防护装置、停机装置、座位和其他方面的安全技术要求。

本标准适用于耕整机。

2 规范性引用文件

下列文件对于本文件的应用是必不可少的。凡是注日期的引用文件，仅注日期的版本适用于本文件。凡是不注日期的引用文件，其最新版本（包括所有的修改单）适用于本文件。

GB/T 4269.1　农林拖拉机和机械、草坪和园艺动力机械　操作者操纵机构和其他显示装置用符号　第1部分：通用符号

GB/T 4269.2　农林拖拉机和机械、草坪和园艺动力机械　操作者操纵机构和其他显示装置用符号　第2部分：农用拖拉机和机械用符号

GB/T 9480—2001　农林拖拉机和机械、草坪和园艺动力机械　使用说明书编写规则

GB 10395.1—2009　农林机械　安全　第1部分：总则

GB 10396　农林拖拉机和机械、草坪和园艺动力机械　安全标志和危险图形　总则

3 术语和定义

下列术语和定义适用于本文件。

耕整机　agricultural tiller

功率不大于6 kW、用于水、旱田（土）的耕地和整地作业的单轮或双轮（双辊）驱动的不含运输功能的机械（含有乘坐或无乘坐）。

4 离合装置

4.1　离合器应确保操作者在正常操作位置能方便可靠地分离动力。

4.2　手动操纵机构分离离合器时应采用向后移动使离合器分离的方式。

5 防护装置

5.1　带（链）轮传动系统应有封闭式防护装置。

5.2　驱动轮的防护应确保操作者在操作时不能触及驱动轮的任何部位，并能遮挡飞溅的泥水。

5.3　防护装置的强度应符合GB 10395.1—2009中4.7.2的要求，在正常使用时不得产生裂缝、撕裂或永久变形。

5.4　防护装置应固定牢固，无尖角和锐棱。

5.5　防护装置不得妨碍机器的操作和保养。

6 停机装置

6.1　应设置动力源停机装置。该装置应为不需要操作者持续施力即可停机。处于停机位置时，只有经过人工恢复到正常位置方能再启动。

6.2 在操作者正常作业位置上能容易地接触到停机装置。

7 座位

7.1 乘座式耕整机的座位应符合 GB 10395.1—2009 中 5.1.2 的要求。

7.2 单轮乘坐式耕整机的座位应能横向移位。

8 其他

8.1 犁耕工作速度不得大于 5 km/h。

8.2 单轮乘座式耕整机最小转向圆半径应不小于 1.6 m。

8.3 以犁托为滑撬的单轮乘座式耕整机,侧向支撑点应在已耕地一侧。

8.4 危险部位和必须提示操作者正确操作的部位应固定永久性安全警示标志,安全警示标志符合 GB 10396 的规定。

8.5 在操纵装置上或附近易见部位应设置表明操作装置功能和方向的操纵符号,操作符号应符合 GB/T 4269.1 及 GB/T 4269.2 的规定。

8.6 使用说明书中的安全内容编制应符合 GB/T 9480—2001 中 4.7 的规定。

———————————

ICS 65.060.99
B 93

中华人民共和国农业行业标准

NY/T 1920—2010

微型谷物加工组合机 技术条件

Technical specifications for cereal processing micro—Equipments

2010-07-08 发布

2010-09-01 实施

中华人民共和国农业部 发布

前　言

　　本标准遵照 GB/T 1.1—2009 给出的规则起草。

　　本标准由农业部农业机械化管理司提出。

　　本标准由全国农业机械标准化技术委员会农业机械化分技术委员会(SAC/TC201/SC2)归口。

　　本标准起草单位:湖南省农业机械鉴定站、农业部农产品加工机械设备质量监督检验测试中心(长沙)、湖南省农友机械集团有限公司、湖南省金峰机械科技有限公司、张家界佳乐机械制造有限公司。

　　本标准主要起草人:王健康、王洪明、吴文科、王志军、陈颖、范浩、舒俩斌、刘若桥。

微型谷物加工组合机　技术条件

1　范围

本标准规定了微型谷物加工组合机的术语和定义,型号标记,技术要求,试验方法,检验规则,交付、运输和贮存。

本标准适用于微型谷物加工组合机(以下简称加工组合机)。

2　规范性引用文件

下列文件对于本文件的应用是必不可少的。凡是注日期的引用文件,仅注日期的版本适用于本文件。凡是不注日期的引用文件,其最新版本(包括所有的修改单)适用于本文件。

GB 1350　稻谷

GB 1351　小麦

GB 1354　大米

GB/T 2828.1　计数抽样检验程序　第1部分:按接收质量限(AQL)检索的逐批检验抽样计划

GB/T 3768　声学　声压法测定噪声源声功率级　反射面上方采用包络测量表面的简易法

GB/T 6971　饲料粉碎机　试验方法

GB/T 9239.1　机械振动　恒态(刚性)转子平衡品质要求　第1部分:规范与平衡允差的检验

GB/T 9480　农林拖拉机和机械、草坪和园艺动力机械　使用说明书编写规则

GB 10395.1　农林机械　安全　第1部分:总则

GB 10396　农林拖拉机和机械、草坪和园艺动力机械　安全标志和危险图形　总则

JB/T 5673　农林拖拉机及机具涂漆　通用技术条件

JB/T 5681　小型辊式磨粉机　试验方法

JB/T 6285　大豆磨浆机　性能试验方法

JB/T 8574　农机具产品型号编制规则

JB/T 9792.3　分离式碾米机　试验方法

JB/T 9819　砂轮磨浆机

JB/T 9832.2—1999　农林拖拉机及机具　漆膜　附着性能测定方法　压切法

3　术语和定义

下列术语和定义适用于本文件。

3.1

微型谷物加工组合机　cereal processing micro‑equipments

以谷物为加工原料,两种或两种以上加工机械安装在一个机架上,配套动力不大于3.0 kW的作业机组。

4　型号标记

4.1　标记方法。

4.2　加工设备型号按JB/T 8574规定编制。

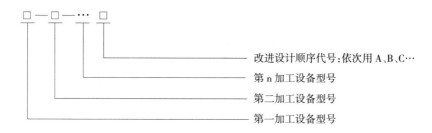

改进设计顺序代号:依次用 A、B、C…

第 n 加工设备型号

第二加工设备型号

第一加工设备型号

示例:由 6N20 型碾米机和 9F30 型粉碎机组成的加工组合机,其标记为:6N20-9F30 型。

5 技术要求

5.1 一般要求

5.1.1 加工组合机应符合本标准的要求,并按经规定程序批准的产品图样和技术文件制造。

5.1.2 加工组合机上应装置能永久保持的产品标牌。产品标牌至少应标明组合机型号名称、配套动力功率、总质量、各加工设备主要技术参数、出厂编号、出厂日期及生产厂名。产品标牌应字迹清晰,安装端正、牢固。

5.1.3 机架必须具有足够支承各加工设备的强度和刚度。

5.1.4 钣金件不得有裂纹、折皱和凹瘪现象,扣缝要牢固;铸件不允许有裂纹、砂眼、疏松和浇注不足等影响强度及外观的缺陷;焊接件焊缝应平整、牢固,不允许有气孔、裂纹、夹渣等影响强度的缺陷。

5.1.5 机械加工表面不允许有锈蚀和影响寿命或外观的磕碰、划伤等缺陷,毛刺应清除,锐边应倒钝。

5.1.6 加工组合机的零部件及配件应符合相关标准的规定,外协外购件必须有合格证明文件,经检验合格后方可进行装配。

5.1.7 转动部位应灵活、轻便,不得有卡滞现象。

5.1.8 加工组合机应安装正确、牢固,各单机、零部件及配附件的联接应可靠,重要部件紧固件螺栓强度不低于 8.8 级,螺母不低于 8 级。

5.1.9 各组带轮 V 形槽面的中心面应在同一平面,其偏差应不大于 3 mm,V 形带的张紧程度应适中。

5.1.10 米辊与主轴装配后,筋尖对主轴轴心线圆跳动应不大于 1 mm。

5.1.11 粉碎机转子平衡精度等级不低于 G16 级。锤片式粉碎机转子径向相对的两排锤片的总质量差应不大于 3 g。齿爪式分碎机扁齿应分组进入转子装配,同组扁齿重量差:转子直径小于 300 mm 时,应不大于 0.5 g,转子直径大于或等于 300 mm 时,应不大于 1 g。

5.1.12 活门开闭应灵活,机体与活门、机架配合处应紧密,工作时不应有漏料现象;磨浆机密封部件要有可靠的密封装置,不得有水、浆流出。

5.1.13 加工组合机的涂漆应符合 JB/T 5673 的规定,涂漆漆膜总厚度不低于 45 μm,漆膜附着性能应不低于 JB/T 9832.2—1999 表 1 中 Ⅱ 级的要求。

5.1.14 磨浆机凡与浆液直接接触的零部件必须采取防锈、防腐措施,应选用不锈蚀或其他无毒害的材料制造。

5.1.15 磨浆机动片、定片装配后必须进行磨合,两砂轮片的接触面不得少于 70%,用于大豆磨浆的两砂轮片的接触面不得少于 95%,其间隙调节应有"粗"、"细"字样和相应的标志。

5.1.16 选用的砂轮化学性能必须良好,无毒,在长时间接触浆液条件下不变形。

5.2 加工设备(作业单机)性能要求

5.2.1 分离式稻谷碾米机

在加工符合 GB 1350 规定的三等或三等以上稻谷时,性能应符合表 1 的规定。

表 1　分离式稻谷碾米机主要性能指标

项　目	品　种	
	早　籼	晚　粳
大米加工精度	符合 GB 1354 中规定的标准二等	
当量出米率,%	≥65.0	≥67.0
吨料电耗,kW·h/t	≤14.0	≤16.0
大米中碎米,%	≤40.0	≤28.0
大米中糠粉量,%	≤0.4	≤0.4
大米中糠片谷嘴含量,%	≤0.05	≤0.05
大米中含谷量,粒/kg	≤12	≤10
成品温升,℃	≤18.0	≤18.0
轴承温升,℃	≤20	≤20
噪声,dB(A)	≤85	
首次无故障工作时间,h	≥200	

5.2.2　粉碎机

在玉米单位容积质量 660 kg/m³～770 kg/m³,含水率 12%～14%,达到规定生产率情况下,其主要性能应符合表2的规定。

表 2　粉碎机主要性能指标

项　目		齿爪式粉碎机		锤片式饲料粉碎机
		转子直径≤250 mm	转子直径>250 mm	
吨料电耗 kW·h/t	筛孔直径 Φ1.2 mm	≤20,26ᵃ	≤17	/
	筛孔直径 Φ2.0 mm	/	≤10	≤10.5
	筛孔直径 Φ3.0 mm	/	/	≤7.0
噪声,dB(A)		≤90		
粉尘浓度,mg/m³		≤10		
首次无故障工作时间,h		≥100		
成品温升,℃		≤25		
轴承温升,℃		≤25		
ᵃ 配用单相电机数值				

5.2.3　磨粉机

在加工符合 GB 1351 规定的三等或三等以上小麦达到理论出粉率时,加工标准粉状态下其性能应符合表3的规定。

表 3　磨粉机主要性能指标

项　目		指标要求
磨辊厘米小时粉产量,kg/(cm·h)		≥7.0
吨粉耗电,kW·h/t		≤34
小麦粉质量	加工精度	与标准样品相符
	灰分(以干物质计),%	≤1.10
	粗细度,%	全部通过 CQ20 号筛,留存在 CB30 号筛的不超过 20%
	面筋质(以湿重计),%	≥24.0
	磁性金属物,g/kg	≤0.003
	气味、口味	正常
噪声,dB(A)		≤88
磨下物最高温度,℃		≤56
首次无故障工作时间,h		≥200

5.2.4 磨粉磨浆机

在加工经过清选,除去所有硬质砂粒、铁屑等杂质,并经浸泡后的大豆时,其性能应符合表4的规定。在玉米单位容积质量 660 kg/m³～770 kg/m³,含水率 12%～14%,其磨粉性能应符合表4的规定。

表4 磨粉磨浆机主要性能指标

项 目			指 标 要 求
生产率,kg/h	磨片直径 150 mm	玉米磨粉	≥60
		大豆磨浆	≥42
	磨片直径 180 mm	玉米磨粉	≥90
		大豆磨浆	≥60
吨料电耗,kW·h/t		玉米磨粉	≤15
		大豆磨浆	≤25
噪声,dB(A)		砂轮磨	≤75
		钢磨	≤90
磁性金属物,g/kg			≤0.003
磨粉成品粒度			通过 30 目标准圆孔验粉筛的磨粉成品≥85%
成品温升,℃			≤25
轴承温升,℃			≤35
首次无故障工作时间,h			≥200

5.2.5 其他加工机械

加工组合机配套除上述四种外的其他加工机械应符合国家和行业相关标准的规定。

5.3 安全要求

5.3.1 加工组合机皮带轮等外露回转件,应有可靠的安全防护装置,并符合 GB 10395.1 的规定。

5.3.2 加工组合机对操作者可能造成危害的部位,应在明显处设有安全标志,安全标志应符合 GB 10396 的规定。

5.3.3 提供给用户的使用说明书必须有正确的操作、维修保养等安全注意事项;使用说明书编写应符合 GB/T 9480 的要求。

5.3.4 加工组合机必须装有动力源的停机装置。

5.3.5 动力源为电动机时,电动机与机架应有可靠的接地装置。

5.3.6 各加工设备主轴应有永久性的转向标志。

6 试验方法

6.1 分离式稻谷碾米机性能试验按 JB/T 9792.3 的规定进行测定。

6.2 饲料粉碎机性能试验按 GB/T 6971 的规定进行测定。

6.3 噪声按 GB/T 3768 的规定进行测定。

6.4 涂漆质量按 JB/T 5673 检测,漆膜附着性能按 JB/T 9832.2 的规定进行测定。

6.5 转子平衡试验按 GB/T 9239.1 的规定进行测定。

6.6 小型辊式磨粉机性能试验按 JB/T 5681 的规定进行测定。

6.7 砂轮磨浆机性能试验按 JB/T 9819 的规定进行测定。

6.8 大豆磨浆机性能试验按 JB/T 6285 的规定进行测定。

6.9 其他加工机械性能试验按相应标准的规定进行测定。

6.10 可靠性试验时间各单机应不少于 200 h。

7 检验规则

加工组合机的检验类型分为出厂检验和型式检验。

7.1 出厂检验

7.1.1 每台产品应经制造商质量检验部门检验合格,并附有该产品质量合格证方可出厂。

7.1.2 出厂检验项目见表5。

表5 检验项目及不合格分类表

分类	项	项 目 名 称	对应条款号	出厂检验	型式检验
A	1	安全防护	5.3.1	√	√
	2	安全标志	5.3.2	√	√
	3	使用说明书安全注意事项	5.3.3		√
	4	动力源的停机装置	5.3.4	√	√
	5	接地装置	5.3.5		√
	6	转向标志	5.3.6	√	√
	7	首次无故障工作时间	5.2.1、5.2.2、5.2.3、5.2.4		
	8	其他加工机械	5.2.5		
B	1	吨电耗	5.2.1、5.2.2、5.2.3、5.2.4		√
	2	噪声	5.2.1、5.2.2、5.2.3、5.2.4		√
	3	粉尘浓度	5.2.2		√
	4	机架的强度和刚性	5.1.3		√
	5	粉碎机转子平衡	5.1.11		√
	6	重要部件紧固件	5.1.8	√	√
	7	产品标牌	5.1.2	√	√
	8	大米加工精度	5.2.1		√
	9	小麦粉质量	5.2.3		√
	10	轴承温升	5.2.1、5.2.2、5.2.4		√
	11	当量出米率	5.2.1		√
	12	磁性金属物	5.2.3、5.2.4		√
	13	浆液直接接触的零部件要求	5.1.14		√
	14	砂轮要求	5.1.16		√
C	1	成品温度	5.2.1、5.2.2、5.2.3、5.2.4		√
	2	大米中糠粉量	5.2.1		√
	3	大米中糠片谷嘴含量	5.2.1		√
	4	大米中含谷量	5.2.1		√
	5	成品粒度	5.2.4		√
	6	生产率	5.2.3、5.2.4		√
	7	带轮装配	5.1.9		√
	8	转动灵活性	5.1.7	√	√
	9	米辊装配	5.1.10		√
	10	磨片装配要求	5.1.15		√
	11	密封性	5.1.12		√
	12	涂漆质量	5.1.13		√
	13	外观质量	5.1.4、5.1.5	√	√
	14	随机文件、附件及工具	8.1.3、8.1.4	√	√
注:其他加工机械按相应产品标准整机判定。					

7.2 型式检验

7.2.1 制造厂在下列情况之一时,必须进行型式检验:

a) 新产品定型鉴定时;

b) 老产品异地生产或转厂生产试制定型鉴定时；

c) 正式生产后，如结构、材料、工艺有较大改变，可能影响产品质量时；

d) 产品停产一年以上恢复生产时；

e) 出厂检验结果与上次型式检验结果有较大差异时；

f) 质量监督部门或机构要求进行型式检验时；

g) 正常生产时每两年进行一次。

7.2.2 型式检验项目见表5。

7.2.3 抽样

7.2.3.1 抽样方法采用 GB/T 2828.1 规定的正常检验一次抽样方案，检验水平采用特殊检查水平S-1。

7.2.3.2 整机抽样时检验批应不少于10台，样本为2台，样品应从工厂近半年内生产经检验合格的产品中随机抽取。在用户和销售部门抽样时，不受此限制。

7.2.4 被检项目凡不符合第5章规定的均称为不合格，按其对产品质量特性影响的重要程度分为 A 类不合格、B 类不合格和 C 类不合格。不合格分类见表5。

7.2.5 产品质量按表6的规定进行抽样判定，表中接收质量限（AQL）、接收数 Ac、拒收数 Re 均按计点法（即不合格项次数）计算。

表6 抽样判定方案

抽样方案	项目分类	A	B	C
	项目数	8×2	14×2	14×2
	样本数(n)		2	
	检验水平		S-1	
	样本字码		A	
合格判定	AQL	6.5	40	65
	Ac Re	0 1	2 3	3 4

7.2.6 采用逐项考核按类别判定的原则，若样本中各类不合格项次数小于或等于接收数 Ac 时，判定该产品合格；若某类不合格项次数大于或等于拒收数 Re 时，判定产品不合格。

8 交付、运输和贮存

8.1 交付

8.1.1 每台加工组合机须经制造厂检验部门检验合格并签发合格证后方可出厂。

8.1.2 加工组合机交货状态由用户与制造厂商定。

8.1.3 出厂的每台加工组合机必须配齐备件、附件和随机工具。

8.1.4 制造厂出厂的每台加工组合机应提供下列文件：

a) 使用说明书；

b) 产品合格证；

c) 备件、附件和随机工具清单；

d) 装箱单；

e) 三包凭证。

8.2 运输和贮存

8.2.1 发运的加工组合机包括备件、附件和随机工具应保证在正常运输过程中不致损坏和丢失。

8.2.2 在干燥、通风的贮存条件下,制造厂应能保证加工组合机及其备件、附件和随机工具的防锈有效期限自出厂之日起不少于 12 个月。

ICS 65.060.20
B 91

中华人民共和国农业行业标准

NY/T 1921—2010

耕作机组作业能耗评价方法

Evaluating method of fuel consumption for tillage units operating

2010-07-08 发布

2010-09-01 实施

中华人民共和国农业部 发布

前　言

本标准遵照 GB/T 1.1—2009 给出的规则起草。

本标准由中华人民共和国农业部农业机械化管理司提出。

本标准由全国农业机械标准化技术委员会农业机械化分技术委员会(SAC/TC 201/SC 2)归口。

本标准起草单位:农业部节能产品及设备质量监督检验测试中心(天津)。

本标准主要起草人:李纪周、贾军、杨宁、陈芳、丁润进、刘强。

耕作机组作业能耗评价方法

1 范围

本标准规定了耕作机组单位作业面积燃油消耗量评价指标、试验方法和评价方法。

本标准适用于耕作机组旱田作业的燃油消耗量评价。

2 规范性引用文件

下列文件对于本文件的应用是必不可少的。凡是注日期的引用文件,仅注日期的版本适用于本文件。凡是不注日期的引用文件,其最新版本(包括所有的修改单)适用于本文件。

GB/T 5262 农业机械试验条件 测定方法的一般规定

3 术语和定义

下列术语和定义适用于本文件。

3.1

耕作机组 tillage units

进行旋耕、犁耕、耙地、深松等耕整地作业的动力机械和机具的总称。

3.2

单位作业面积燃油消耗量评价指标 evaluating index of fuel consumption for operating unit

在规定条件下作业,耕作机组单位作业面积燃油消耗量的允许值。

4 评价指标

耕作机组单位作业面积燃油消耗量评价指标应符合表1的规定。

表 1 单位作业面积燃油消耗量评价指标

作业类型	作业深度 cm	单位作业面积燃油消耗量评价指标(柴油),kg/hm²		
		沙土	壤土	黏土
旋耕	10	8.0	9.0	10.5
	15	10.0	12.0	13.5
犁耕	15	11.0	12.5	14.0
	20	13.0	14.5	16.5
耙地	10	6.5	7.0	8.5
	15	8.0	9.5	11.0
深松	30	14.5	15.5	17.5
	35	15.0	16.5	18.5

5 试验方法

5.1 试验条件

5.1.1 试验地的选择

作业试验地土壤为沙土、壤土、黏土,其中沙土的土壤坚实度为 200 kPa～500 kPa,壤土的土壤坚实度为 700 kPa～1 200 kPa,黏土的土壤坚实度为 1 700 kPa～2 200 kPa,土壤绝对含水率为 10%～25%,植被密度为 0.4 kg/m²～0.7 kg/m²,根茬高度不超过 20 cm;田块长度不少于 100 m,中、小功率动力耕作机组田块长度不少于 60 m,面积不小于 0.5 hm²。

5.1.2 试验机组状态

机组配套应符合机具使用说明书的规定要求,机组技术状态应良好。

5.1.3 驾驶员要求

驾驶员的驾驶技术应熟练,作业操作规范。

5.2 测试仪器设备要求

试验前所用仪器设备应进行计量检定或校准,仪器设备的量程、准确度应满足表2的规定。

表 2 仪器设备要求

序号	被测参数	测量范围	准确度要求
1	含水率	(0~100)%	2%
2	植被密度	(0~3) kg	±0.01 kg
3	长度	(0~50) m	±1 mm
4	燃油消耗量	(0~30) kg	±0.01 kg

5.3 作业燃油消耗量测定

5.3.1 试验条件测定

试验条件按 GB/T 5262 的规定进行测试。

5.3.2 单位作业面积燃油消耗量测定

在已选择的试验地块上,根据作业类型,选择一种符合当地农艺要求的工况进行作业试验,测定整块地的耕作机组燃油消耗量,按式(1)计算单位作业面积燃油消耗量。

$$Gn = \frac{Gnz}{Q} \quad \dots\dots\dots\dots\dots\dots\dots\dots\dots\dots\dots\dots\dots\dots\dots \quad (1)$$

式中:

Gn——单位作业面积燃油消耗量,单位为千克每公顷(kg/hm²);

Gnz——耕作机组燃油消耗量,单位为千克(kg);

Q——耕作机组作业量,单位为公顷(hm²)。

6 评价方法

采用单位作业面积燃油消耗量评价指标来限定耕作机组的燃油消耗量,用节能率来评价耕作机组节能水平,节能率大于 0 表示节能,小于等于 0 为不节能。节能率按式(2)计算。

$$N = \left(1 - \frac{Gn}{Gx}\right) \times 100 \quad \dots\dots\dots\dots\dots\dots\dots\dots\dots\dots\dots\dots\dots \quad (2)$$

式中:

N——节能率,单位为百分率(%);

Gn——单位作业面积燃油消耗量,单位为千克每公顷(kg/hm²);

Gx——单位作业面积燃油消耗量评价指标,单位为千克每公顷(kg/hm²)。

ICS 65.060.30
B 05

中华人民共和国农业行业标准

NY/T 1922—2010

机插育秧技术规程

Technical regulation of rice seedling raising for mechanical transplanting

2010-07-08 发布

2010-09-01 实施

中华人民共和国农业部 发布

NY/T 1922—2010

前　言

本标准遵照 GB/T 1.1—2009 给出的规则起草。

本标准由农业部农业机械化管理司提出。

本标准由全国农业机械标准化技术委员会农业机械化分技术委员会(SAC/TC 201/SC 2)归口。

本标准起草单位:江苏省农业机械管理局、江苏省农机具开发应用中心。

本标准主要起草人:沈建辉、于林惠、薛艳凤、陈新华、丁艳锋、魏国、孙龙霞。

机插育秧技术规程

1 范围

本标准规定了机插水稻育秧技术的术语和定义、基本要求、操作流程、种子处理、床土、秧床、材料准备、播种、秧田管理、秧苗要求、起运秧。

本标准适用于机插水稻干基质盘育秧和双膜育秧。

2 规范性引用文件

下列文件对于本文件的应用是必不可少的。凡是注日期的引用文件,仅注日期的版本适用于本文件。凡是不注日期的引用文件,其最新版本(包括所有的修改单)适用于本文件。

GB/T 3543.4 农作物种子检验规程 发芽试验

GB 4404.1 粮食作物种子 第1部分:禾谷类

GB 4455 农业用聚乙烯吹塑棚膜

GB 13735 聚乙烯吹塑农用地面覆盖薄膜

3 术语和定义

下列术语和定义适用于本文件。

3.1

双膜育秧 rice seedling raising with two-layer plastic film for mechanical transplanting

在秧板上平铺有孔地膜,再铺放 2.0 cm～2.5 cm 厚的床土,播种覆土后加盖覆膜的育秧方式。

3.2

盘育秧 rice seedling raising with plastic plate for mechanical transplanting

用塑盘育秧的方法。

4 基本要求

4.1 选择适合当地水稻机械化栽插的优质品种。

4.2 育秧的种子应符合 GB 4404.1 中的良种级标准。

4.3 不同品种同批次育秧应有明显标志。

5 操作流程

操作流程见图1。

6 种子处理

6.1 晒种、脱芒

浸种前晒种 1 d～2 d。对有芒的种子先进行脱芒。

6.2 选种

采用风选、比重法选种。比重法选种时,盐水或泥水比重为 1.06～1.12,选种后应立即用清水淘洗。杂交稻品种宜采用风选法选种。

6.3 发芽试验

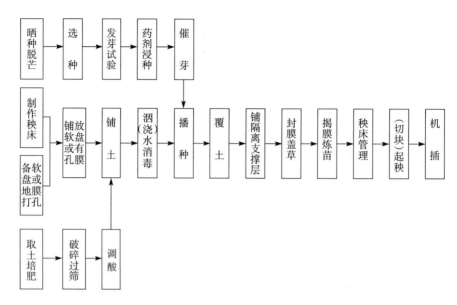

图 1 机插育秧操作流程图

在浸种前按 GB/T 3543.4 进行发芽试验,发芽率应不低于 90%、发芽势应不低于 85%。

6.4 浸种

催芽前应按有关药剂浸种的要求浸种。部分药剂浸种后应淘洗或冲洗后再清水浸种,浸种时间长短视气温而定,以种子吸足水分为宜,即达到谷壳透明、米粒腹白可见、米粒易折断无响声。

6.5 催芽

将吸足水分的种子在 35℃～38℃下进行保湿催芽到破胸,必要时应翻拌补水。催芽标准:破胸露白率达 90%。催芽后置阴凉处,摊晾炼芽 4 h～6 h。

7 床土

7.1 床土选择

7.1.1 选择肥沃、疏松、熟化的土壤作为床土。避免硬质杂物、杂草掺入。

7.1.2 重黏土、重沙土和 pH 超过 7.8 的田块的土不宜作为床土。

7.2 床土用量

每 666.7 m² 机插大田约备合格床土 100 kg,另备未培肥过筛细土 25 kg 作盖籽用。

7.3 床土培肥

肥沃疏松土壤可直接用作床土;需要培肥的,在取土前应对取土地块施肥。培肥后床土碱解氮含量以 250 mg/kg～300 mg/kg 为宜,对土壤 pH 偏高的田块可酌情增施过磷酸钙以降低 pH。施肥后连续机旋耕 2 遍～3 遍,取 15 cm 表土堆制并覆农膜封闭至床土熟化。

7.4 床土加工

土堆水分适宜时(含水率 15% 左右,细土手捏成团,落地即散)过筛(细土团粒径不大于 5 mm,其中 2 mm～4 mm 的土粒达 60% 以上),并继续覆膜堆闷。

7.5 床土调酸

土壤 pH 应为 5.5～7.5,育秧期间温度较低的地区可用下限,温度偏高的地区可用上限。播种前 10 d,对 pH 不达标的床土应进行调酸处理。

8 秧床

8.1 床址、面积

应选择排灌方便、光照充足、土壤肥沃、运秧方便的田块作秧床。秧田与大田比例宜为 1∶80～1∶100。

8.2 制作

播前 10 d 精做秧板,秧板宽 1.4 m～1.5 m,秧沟宽 0.25 m～0.30 m,深 0.15 m～0.20 m。板面应平整光洁,全田秧板面高低差应不超过 1.0 cm,3 m 秧板内高低差应不超过 0.5 cm。秧田四周开围沟,确保灌排畅通,播种时板面沉实湿润。

9 材料准备

根据育秧方式,选择准备秧盘或地膜。

9.1 秧盘

每 666.7 m² 机插秧,常规粳稻备秧盘 20 张～28 张,杂交稻 13 张～20 张。

9.2 地膜

9.2.1 用量

每 666.7 m² 机插秧大田,应备 1.5 m 幅宽地膜约 4.0 m。其技术要求应符合 GB 13735 的规定。

9.2.2 打孔

孔距 2.0 cm×2.0 cm 或 2.0 cm×2.5 cm,孔径 0.2 cm～0.3 cm。

9.3 覆盖用料

9.3.1 农膜

每 666.7 m² 机插秧大田,应备 2.0 m 幅宽农膜约 4.0 m。农膜的技术要求应符合 GB 4455 的规定。

9.3.2 覆盖辅料

单季稻或双季早稻育秧,每 1.0 m 长秧板,应备无病稻麦秸秆约 1.2 kg,总长度为 7.0 m～8.0 m 芦苇秆或细竹竿作支撑物。双季晚稻无需覆盖薄膜或遮阳网。

9.4 切刀、木条

每 666.7 m² 机插秧大田,应备长约 2.0 m,宽 2.0 cm～3.0 cm,厚 2.0 cm 的木条 4 根。切刀 1 把～2 把。用于双膜育秧切块。

10 播种

10.1 铺放秧盘或有孔地膜

10.1.1 铺秧盘

每块秧板横排两行,依次平铺,紧密整齐,盘底与床面密合。

10.1.2 铺有孔地膜

在秧板上平铺有孔地膜,并沿秧板两侧摆放木条。

10.2 铺放床土

将床土铺放在软盘内或有孔地膜上,土厚与软盘内腔高度或秧板两侧固定木条厚度一致,厚薄均匀,土面平整。

10.3 补水、床土消毒

10.3.1 补水

播种前 1 d,灌平沟水,待床土充分吸湿后迅速排水,亦可在播种前直接用喷壶洒水。播种时土壤含水量应达土壤饱和含水量的 85%～90%。

10.3.2 床土消毒

在低温下育秧,可结合播种前浇底水,用 1 000 倍～2 000 倍液浓度的敌克松药液,或在专业人员指导下用其他药液对床土进行喷洒消毒。

10.4 播种

10.4.1 播种期

根据水稻品种特性、安全齐穗期及茬口确定播期。一般根据适宜移栽期,按照秧龄 13 d～25 d 倒推播种期。并依栽插进度做好分期播种,避免超秧龄移栽。

10.4.2 播种量

双膜育秧每 1 m² 秧板均匀播芽谷常规粳稻 740 g～930 g、杂交稻 500 g～700 g,或每盘播芽谷常规粳稻 120 g～150 g、杂交稻 80 g～120 g。

10.5 覆土

覆土厚度以盖没芽谷为宜,为 0.3 cm～0.5 cm。

10.6 封膜盖草

覆土后,在床面上等距离平放芦苇秆或细竹竿作为支撑物,平盖农膜。农膜覆盖的膜面上均匀加盖稻麦秸秆,盖草厚度以基本看不见盖膜为宜。秧田四周开好放水缺口。膜内温度宜控制在 28℃～35℃。

11 秧田管理

11.1 揭膜炼苗

齐苗后,在第 1 完全叶抽出 0.8 cm～1.0 cm 时即可开始揭膜炼苗。揭膜时间:气温较低时,日揭夜盖;一般晴天傍晚揭,阴天上午揭,小雨雨前揭,大雨雨后揭。若揭膜期日最低温度低于 10℃时可适当推迟揭膜。

11.2 水分管理

揭膜当天补一次足水,而后保持床土湿润,缺水补水,秧苗晴天中午也不应卷叶。秧床集中的秧田可灌平沟水,零散育秧可采取早晚洒水补湿。移栽前 2 d～3 d 排水,降湿炼苗,促进秧苗盘根,增加秧块拉力,便于起秧机插。

11.3 追肥

11.3.1 施断奶肥

施断奶肥应视床土肥力、秧龄和天气等具体情况进行。一般在揭膜时或其后 1 d～2 d,于傍晚浇施或洒施,具体肥料用量因苗而异,床土肥沃的可免施。

11.3.2 施送嫁肥

移栽前 3 d～4 d,视秧苗长势适量施用送嫁肥。

11.4 病虫害及杂草防治

秧田期根据病虫发生情况,做好螟虫、稻蓟马、灰飞虱、苗稻瘟病等常发性病虫防治工作。秧田管理中,应经常拔除杂株和杂草,保证秧苗纯度。

12 秧苗要求

12.1 成秧密度

平均每 1 cm² 成苗数,常规粳稻 1.7 株～3.0 株,杂交稻 1.0 株～1.5 株。

12.2 秧苗质量

苗高适宜,均匀整齐,苗体粗壮,青秀无病,无黑根黄叶。秧苗质量指标见表 1。

表 1 秧苗质量指标

项　　目	指　　标
秧龄,d	13～25
叶龄,叶	3.0～4.0
苗高,cm	13～20
苗基粗,mm	≥2.5
根数,条	≥10
地上部百苗干重,g	≥2.0

12.3 秧块

秧块土层厚度应均匀一致,秧块四角垂直方正,不应缺边、断角,根系盘结好,提起不散,起秧栽插时秧块含水率为 25%。

13 起运秧

13.1 起秧

13.1.1 盘育秧起秧

先连盘带秧一并提起,慢慢拉断穿过秧盘底孔的少量根系,再平放,后小心卷苗脱盘,保证秧块不变形,不断裂,秧不折断,不伤苗。

13.1.2 双膜育秧切块起秧

将整板秧苗用切刀切成长 58 cm,宽 27.5 cm～28.0 cm 的秧块,切块深度以切破底层有孔地膜为宜,而后起板,内卷秧块,以备机插。

13.2 运秧

运输时秧块卷起,到田边平放并遮盖。

ICS 65.060.40
B 91

中华人民共和国农业行业标准

NY/T 1923—2010

背负式喷雾机安全施药技术规范

Technical regulation for safety application of power-operated knapsack sprayers

2010-07-08 发布

2010-09-01 实施

中华人民共和国农业部 发布

前　言

本标准遵照 GB/T 1.1—2009 给出的规则起草。

本标准由农业部农业机械化管理司提出。

本标准由全国农业机械标准化技术委员会农业机械化分技术委员会(SAC/TC 201/SC 2)归口。

本标准负责起草单位:农业部南京农业机械化研究所。

本标准参加起草单位:中国农业机械化研究院、山东华盛中天机械集团有限公司。

本标准主要起草人:陈长松、王忠群、严荷荣、郭丽。

背负式喷雾机安全施药技术规范

1 范围

本标准规定了使用背负式喷雾机(以下简称"喷雾机")喷洒农药时操作人员安全防护、施药前准备、喷药作业和施药后的处理的技术规范。

本标准适用于背负式机动喷雾喷粉机和背负式动力喷雾机的施药作业。

2 规范性引用文件

下列文件对于本文件的应用是必不可少的。凡是注日期的引用文件,仅注日期的版本适用于本文件。凡是不注日期的引用文件,其最新版本(包括所有的修改单)适用于本文件。

GB 12475 农药贮运、销售和使用的防毒规程

3 操作人员安全防护

3.1 操作人员应年满18岁,经过施药技术培训,并熟悉施药机具、农药、农艺等相关知识。

3.2 配制、施药、调整、清洗和维护喷雾机时应身着长袖衣裤、鞋袜,并佩戴耳塞、口罩和手套。

3.3 老、弱、病、残、皮肤损伤未愈者及妇女哺乳期、孕期、经期不得进行施药操作。

3.4 施药过程中严禁吸烟、饮水、进食,避免用手接触嘴和眼睛。

3.5 操作人员每天连续作业时间不应超过4 h。操作过程中,如有头痛、头昏、恶心、呕吐等身体不适现象,应立即离开施药现场,严重者应及时到医院诊治。

4 施药前准备

4.1 农药的选择

4.1.1 根据作物的生长期、病虫草害种类和危害程度,在当地植保部门的帮助下选择合适的农药剂型。

4.1.2 选择的农药应是经过农药管理部门登记注册的合格产品。购买时应查看产品标签和使用说明书中的以下信息:

    a) 农药名称、企业名称、农药登记证、生产许可证和产品执行标准;

    b) 农药的有效成分、含量、产品理化性能、毒性、防治对象、使用剂量、施药方法;

    c) 生产日期、产品质量保证期和安全注意事项等;

    d) 分装农药应注明分装单位。

4.1.3 仔细阅读产品标签和使用说明,确定防治对象和作物的安全性,明确作物收获安全间隔期,确定对家畜、有益昆虫和环境的安全性。

4.2 施药时机的选择

4.2.1 根据作物和病虫草害等有害生物的生长发育阶段决定最佳的施药时间。

4.2.2 按照农药标签和使用说明中标明的施药时间和较低剂量施药。

4.2.3 作业时气温应在5℃～30℃,雨天、大雾或有露水时不得施药。不同风速下喷药方式的选择参见附录A。

4.2.4 大田作物进行超低量喷雾时,不能在晴天中午有上升气流时进行。

4.2.5 若喷药后2 h内有降雨,应根据农药产品标签和使用说明的规定重新喷药。

4.2.6 严禁操作人员逆风喷药。

4.3 喷雾机的准备

4.3.1 喷雾机的选择

a) 喷雾机应有检验合格证,并应通过国家规定的 3C 认证;

b) 根据不同作物、不同种植规模确定适用机型和喷洒部件;

c) 喷雾机外露转动及高温部件的安全防护装置和安全标志应完好。

4.3.2 喷雾机的调整

a) 新喷雾机或维修后的喷雾机,使用前应进行磨合运转;

b) 调整喷雾机背带和各连接件,确认背带牢固安全;

c) 确认各连接处无渗漏。截止阀开启自如。

4.4 药液配制

4.4.1 施药量超过喷雾机药液箱容量时,取喷雾机药液箱额定容量 80% 左右的清水加到药液箱中,将计算出的每一箱中应加入的农药量用量具量出,加入药液箱的水中,搅匀。用剩余 20% 左右的水分 2 次~3 次冲洗量具,将冲洗水全部加入喷雾机药液箱中,搅匀后即可喷洒。

4.4.2 施药量不足一箱药液时,取施药量 80% 左右的清水加到喷雾机药液箱中,将计算出的所需农药量用量具量出,加入药液箱的水中,搅匀。用剩余 20% 左右的水分 2 次~3 次冲洗加药量具,将冲洗水全部加入喷雾机药液箱中,搅匀后即可喷洒。

5 喷药作业

5.1 背负式机动喷雾喷粉机喷雾作业

5.1.1 喷雾机启动前,药液开关应停在关闭位置。启动后调整油门开度使汽油机在额定转速下稳定运转。喷雾作业开启药液开关后,操作人员立即按预定速度和路线前进,严禁停留在一处喷洒,以防引起药害。

5.1.2 喷药时应匀速行走,防止重喷、漏喷。行走路线根据风向而定,走向应与风向垂直或成不小于45°的夹角,操作者应在上风向,喷射部件应在下风向。田间喷雾作业方向见图1。

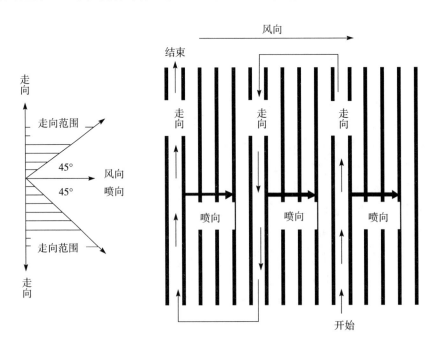

图 1 田间喷雾作业示意图

5.1.3 喷药时应采用侧向喷洒,即操作人员背机前进时,手提喷管向一侧喷洒,一个喷幅接一个喷幅,向上风向移动,使喷幅之间相连接区段的雾滴沉积有一定程度的重叠。操作时还应将喷口稍微向上仰起,并离开作物 20 cm～30 cm 高。

5.1.4 当喷雾机喷完第一幅时,先关闭药液开关,减小油门,向上风方向移动,行至第二喷幅时再加大油门,打开药液开关继续喷药。

5.1.5 对大田作物喷雾时,操作人员手持喷管向下风侧喷雾,弯管向下,使喷头保持水平或有 5°～15°仰角(仰角大小根据风速而定:风速大,仰角小些或呈水平;风速小,仰角大些),喷头高出作物顶端约 50 cm。

5.1.6 对灌木林丛喷药时,应将喷管的弯管口朝下,防止雾滴向上飞散。

5.1.7 对较高的果树和其他林木喷药时,应将弯管口朝上,使喷管与地面保持 60°～70°的夹角。

5.1.8 施药时,若出现接头脱落及漏药、漏油现象应立即停止作业,维修完好后再作业。

5.1.9 停机时,先关闭药液开关,让汽油机低速运转 3 min～5 min,再关闭油门。

5.2 背负式机动喷雾喷粉机超低量喷雾作业

5.2.1 按 5.1 规定的喷雾方式进行超低量喷雾。

5.2.2 喷药时应根据风速调整有效喷幅,不同风速下的有效喷幅参见附录 B。

5.2.3 喷药时应根据害虫的习性和作物结构状态调整有效喷幅。对钻蛀性害虫,应调窄有效喷幅。对活动性强的咀嚼口器害虫(如蝗虫)等,应调宽有效喷幅。

5.2.4 高毒农药严禁超低量喷雾。

5.3 背负式动力喷雾机喷雾作业

5.3.1 每次开机或停机前,应将调压手柄置于卸压位置。

5.3.2 启动发动机,调节泵的转速、工作压力至额定工况。

5.3.3 喷药时应保证喷洒均匀,喷枪应与水平面保持 5°～15°仰角,喷射雾流面与作物顶面应保持在 50 cm 左右。喷射高大树木时,操作人员应站在树冠外,向上斜喷。

5.3.4 喷雾时,严禁液泵脱水运转。如雾形有异常现象,应立即停机,排除故障后再喷雾。

5.3.5 停止喷雾时,应在液泵压力降低后(可用调压手柄卸压)关闭截止阀。

6 施药后的处理

6.1 安全标记

6.1.1 施药工作结束后应在施药区作警示标记。

6.1.2 在农药标签或使用说明上标注的安全间隔期内,如果需立即进入喷药区,应采取一定的防护措施后方可进入。家禽不得进入喷雾区。

6.1.3 警示标记在安全间隔期后方可撤销。

6.2 喷雾机和操作人员防护用品的清洗

6.2.1 喷雾机使用后至少用清水清洗 3 次。整个输液喷雾系统应全部彻底清洗,以保证药液箱、进出水阀、喷管、滤网和喷头等部件都保持清洁。

6.2.2 喷雾机的内部和外表面都应该在施药地块进行彻底清洗,清洗液应喷洒到该农药可以使用的作物上。在一个地块上重复喷洒的清洗液应不超过推荐的施药剂量。

6.2.3 如果喷雾机在第二天要喷洒同样或者相似的农药,药液箱中可以保留清洗液过夜。

6.2.4 施药工作全部完毕后,应及时清洗手、脸等裸露部分的皮肤,并用清水漱口。防护用品和防护服应清洗干净,晾干后存放。

6.3 废剩药液的处理

6.3.1 把废剩稀释药液和清洗液喷洒到作物上,在加入倒数第二箱药液时应适当减少农药剂量。

6.3.2 废剩的农药应有牢靠的容器包装以及清晰的标识,以避免运输过程中发生事故。

6.4 空农药包装容器的处置

6.4.1 农药取用完毕后,用清水对空农药包装容器至少清洗 3 次。

6.4.2 空农药包装容器严禁作为它用,应集中无害化处理,不得随意丢弃。

6.5 喷雾机的保养和存放

6.5.1 喷雾机清洗完毕后,应检查紧固件有无松动,并及时清除泥污保持清洁。

6.5.2 长时间不用时应将喷雾机的机油放尽,按汽油机使用说明书的要求保养汽油机;对可能锈蚀的零件应涂上防锈黄油。

6.5.3 在存放前使机具保持干燥,并存放在通风、阴暗的环境中,切勿靠近火源;避免与农药等腐蚀性物质放在一起。

6.6 农药的贮存

6.6.1 应按 GB 12475 的有关要求制订正确的贮存计划以及良好的农药贮存管理措施。待处置的农药应保存在标签完整的原容器内。

6.6.2 没有使用的农药应放回仓库或保存处存放,包装破损的农药应该全部转入到干净的、已完整粘贴农药标签的替代容器内存放。

附　录　A

（资料性附录）

不同风速特征下的施药选择

风力等级	种类	风速 m/s	可见征象	施药选择
0	无风	0.0～0.2	静、烟直上	不应施药
1	软风	0.3～1.5	烟能显示风向	超低量或低量施药
2	轻风	1.6～3.3	人面感觉有风,树叶有微响	低量或常量施药
3	微风	3.4～5.4	旌旗展开	常量施药,避免施洒除草剂
4	和风	5.5～7.9	能吹起地面尘灰和纸张,树枝摇动	不应施药

附　录　B

（资料性附录）

不同风速下超低量喷雾的有效喷幅

风速,m/s	有效喷幅,m	备　注
0.3～1.5	8～10	1级风
1.6～3.3	10～15	1级风～2级风
3.4～5.4	15～20	2级风～3级风

ICS 65.060.30
B 91

中华人民共和国农业行业标准

NY/T 1924—2010

油菜移栽机质量评价技术规范

Technical specifications of quality evaluation for oilseed rape transplanter

2010-07-08 发布
2010-09-01 实施

中华人民共和国农业部 发布

前　言

本标准遵照 GB/T 1.1—2009 给出的规则起草。

本标准由农业部农业机械化管理司提出。

本标准由全国农业机械标准化技术委员会农业机械化分技术委员会(SAC/TC 201/SC 2)归口。

本标准起草单位:农业部南京农业机械化研究所、南通富来威农业装备有限公司。

本标准主要起草人:王忠群、陈长松、陈建华、吴崇友。

油菜移栽机质量评价技术规范

1 范围

本标准规定了油菜移栽机(以下简称移栽机)基本要求、质量要求、检测方法以及检验规则。

本标准适用于油菜裸苗和带土苗移栽机的质量评定。玉米、棉花、甜菜、烟草、蔬菜等其他作物移栽机的质量评价可参照执行。

2 规范性引用文件

下列文件对于本文件的应用是必不可少的。凡是注日期的引用文件,仅注日期的版本适用于本文件。凡是不注日期的引用文件,其最新版本(包括所有的修改单)适用于本文件。

GB/T 2828.11—2003 计数抽样检验程序 第11部分:小总体声称质量水平的评定程序

GB/T 9480 农林拖拉机和机械、草坪和园艺动力机械 使用说明书编写规则

GB 10395.1—2009 农林机械 安全 第1部分:总则

GB 10396 农林拖拉机和机械 草坪和园艺动力机械 安全标志和危险图形 总则

GB/T 13306 标牌

JB/T 5673 农林拖拉机及机具涂漆 通用技术条件

JB/T 9832.2 农林拖拉机及机具 漆膜 附着性能测定方法 压切法

JB/T 10291—2001 旱地栽植机械

3 术语和定义

JB/T 10291—2001中确立的以及下列术语和定义适用于本文件。

3.1

立苗率 seedling-standing ratio

移栽后秧苗主茎与地面夹角不小于30°的株数占秧苗实际移栽株数(不含漏栽、埋苗、倒伏、伤苗的株数)的百分比。

4 基本要求

4.1 文件资料要求

移栽机产品进行质量评价所需要的文件资料应包括:

a) 产品规格;

b) 企业产品执行标准或产品制造验收技术条件;

c) 使用说明书;

d) 三包凭证;

e) 移栽机照片(应能充分反映样机特征)。

4.2 主要技术参数核对与测量

对样机主要技术参数按照表1进行核对和测量,确认样机与技术文件规定的一致性。

表 1 主要技术参数核对与测量

序号	项　　目	技 术 参 数	方　法
1	栽植机型号		核对
2	外形尺寸(长×宽×高),mm		测量
3	配套动力,kW		核对
4	作业行数		核对
5	挂接方式		核对
6	栽植器型式		核对
7	开沟器型式		核对
8	镇压轮型式		核对
9	传动型式		核对
10	行距调节范围,cm		测量
11	株距调节范围,cm		测量
12	深度调节范围,cm		测量
13	栽植秧苗种类及苗高,cm		测量
14	作业人数(含拖拉机手)		核对

4.3 试验条件

4.3.1 秧苗

试验应采用适合栽植的秧苗。导苗管式移栽机的试验秧苗高度应为 15 cm～20 cm,钳夹式、链夹式移栽机试验秧苗高度应为 15 cm～25 cm。试验前应记录秧苗状态,并记入表 A.1。

4.3.2 钵体

钵体应满足试验要求,不应使用破损的钵体。试验前应记录钵体形状,并记入表 A.1。

4.3.3 样机

试验前应按照使用说明书的要求进行样机的安装和调试,调试正常后才能进行试验。

4.3.4 试验用地

试验用地应平整,土块细碎,不得有秸秆及杂草等障碍物,土壤含水率不大于 25%。

4.3.5 主要仪器设备

试验用仪器、仪表应校验或校准合格。主要仪器设备测量范围和准确度要求见表 2。

表 2 仪器设备测量范围和准确度要求

被测参数	测量范围	测量准确度要求
时间	(0～24)h	±0.01
长度	(0～2)m	±0.01
长度	(0～100)m	±0.1
硬度	(20～70)HRC	±0.5
含水率	(0～100)%	±2

5 质量要求

5.1 漆膜要求

5.1.1 涂漆应符合 JB/T 5673 中普通耐候涂层的质量要求。

5.1.2 漆膜附着力按照 JB/T 9832.2 检查三处,均应达到Ⅱ级以上。

5.2 外观要求

5.2.1 移栽机与土壤接触的部分应镀锌或作防锈处理。

5.2.2 焊接件的焊缝应牢固、平整,不得有烧穿、夹渣和未焊透等缺陷。

5.2.3 钣金件应光滑、平整,不得有裂纹、起翘、飞边、毛刺、变形和明显影响外观质量的锤痕等现象,咬缝应均匀、牢固。

5.3 装配要求

各运动部件和调节机构应转动灵活,运转时不得有异常声响和卡滞现象。紧固件必须拧紧,确保牢固、可靠,运转时不得有异常声响。

5.4 操作方便性要求

a) 操纵装置方便灵活;

b) 调整、更换零部件方便;

c) 保养设计合理,维护清洗方便。

5.5 可靠性要求

移栽机在额定工况下运转时,用有效度指标来评价可靠性,有效度不小于90%。

5.6 使用信息要求

5.6.1 标牌

在产品醒目的位置应有永久性标牌,其规格应符合GB/T 13306的规定。

5.6.2 使用说明书

使用说明书的编写应符合GB/T 9480的规定。

5.7 关键零部件质量要求

5.7.1 栽植器应转动灵活,连接可靠。

5.7.2 开沟器锄铲采用65 Mn钢制造。热处理硬度40 HRC～50 HRC,允许使用不低于上述材料性能的其他材料制造。

5.8 安全要求

5.8.1 安全防护

a) 移栽机的链条、链轮应设有防护装置。防护装置应符合GB 10395.1—2009中第4.7条的规定;

b) 操作者乘坐的后工作台应设置挡脚板,并配备安全带。

5.8.2 安全标志

潜在危险区域应有明显的安全标志,安全标志应符合GB 10396的有关规定。

5.9 性能要求

移栽机主要性能应符合表3的规定。

表3 移栽机的主要性能指标

项 目 名 称	性 能 指 标	
	导苗管式移栽机	钳夹式、链夹式移栽机
栽植频率,株/(min·行)	≥50	≥35
立苗率,%	≥85	≥85
埋苗率,%	≤4	≤4
伤苗率,%	≤2	≤3
漏栽率,%	≤5	≤5
株距变异系数,%	≤25	≤20
栽植深度合格率,%	≥75	≥75

6 检测方法

6.1 漆膜质量检查

涂漆质量按 JB/T 5673 的要求进行目测检查,漆膜附着力按 JB/T 9832.2 中规定的方法检查。

6.2 外观质量检查

用目测法检查。

6.3 装配质量检查

操作各转动部件和调节机构,检查是否转动灵活、是否有异常声响。检查各紧固件是否拧紧。检查润滑部位是否加注润滑油(脂)。

6.4 操作方便性检查

通过实际操作,按照第 5.4 条要求检查移栽机的操作方便性。

6.5 可靠性评价

在额定工况下运转移栽机有效作业时间不少于 80 h,有效度按式(1)计算:

$$A = \frac{\sum T_Z}{\sum T_Z + \sum T_G} \times 100 \cdots\cdots\cdots\cdots\cdots\cdots\cdots (1)$$

式中:

A——有效度,单位为百分率(%);

$\sum T_Z$——移栽机生产考核期间正常工作时间之和,单位为小时(h);

$\sum T_G$——移栽机生产考核期间故障排除、修复时间之和,单位为小时(h)。

6.6 使用信息检查

6.6.1 标牌检查

用目测法检查。

6.6.2 使用说明书检查

按照 GB/T 9480 规定的要求进行检查。

6.7 关键零部件检查

6.7.1 通过实际操作检查栽植器质量。

6.7.2 测量开沟器锄铲的硬度。

6.8 安全质量检查

6.8.1 安全防护

防护装置按照 GB 10395.1—2009 的方法进行检查。挡脚板和安全带用目测法来检查。

6.8.2 安全标志

用目测法检查。

6.9 主要性能检测

6.9.1 栽植频率

栽植频率是通过计算单位时间内,在一个栽植行内栽植到地里的全部秧苗株数(包括被埋在土里的埋苗株数)来确定。栽植时间以分钟计,按式(2)计算。每次每行连续测定的株数不得少于 120 株,重复三次,检测结果记入表 A.2。

$$F = \frac{Z}{t} \cdots\cdots\cdots\cdots\cdots\cdots\cdots\cdots\cdots\cdots (2)$$

式中:

F——栽植频率,单位为株/(分钟·行)[株/(min·行)];

Z——栽植株数,单位为株;

t——栽植时间,单位为分钟(min)。

6.9.2 栽植质量

6.9.2.1 立苗率

立苗率按式(3)计算。检测结果记入表 A.3。

$$L = \frac{N_{LM}}{N} \times 100 \quad \cdots\cdots (3)$$

式中:

L——立苗率,单位为百分率(%);

N_{LM}——立苗株数,单位为株;

N——测定总株数,单位为株。

6.9.2.2 埋苗率

埋苗率按式(4)计算,检测结果记入表 A.3。

$$C = \frac{N_{MM}}{N} \times 100 \quad \cdots\cdots (4)$$

式中:

C——埋苗率,单位为百分率(%);

N_{MM}——埋苗株数,单位为株;

N——测定总株数,单位为株。

6.9.2.3 伤苗率

伤苗率按式(5)计算,检测结果记入表 A.3。

$$W = \frac{N_{SM}}{N} \times 100 \quad \cdots\cdots (5)$$

式中:

W——伤苗率,单位为百分率(%);

N_{SM}——伤苗株数,单位为株;

N——测定总株数,单位为株。

6.9.2.4 漏栽率

在检测中,根据相邻两株的株距(X_i)和理论株距(X_r)之间的关系确定漏栽株数:

—— 当 $1.5X_r < X_i \leqslant 2.5X_r$ 时,漏栽 1 株;

—— 当 $2.5X_r < X_i \leqslant 3.5X_r$ 时,漏栽 2 株;

—— 当 $3.5X_r < X_i \leqslant 4.5X_r$ 时,漏栽 3 株。以此类推。

漏苗率按式(6)计算,检测结果记入表 A.3。

$$M = \frac{N_{LZ}}{N'} \times 100 \quad \cdots\cdots (6)$$

式中:

M——漏栽率,单位为百分率(%);

N_{LZ}——漏栽株数,单位为株;

N'——理论移栽株数,单位为株。

6.9.3 栽植精度

6.9.3.1 株距变异系数

株距变异系数按式(9)计算,检测结果记入表 A.4。

$$CV_x = \frac{S_x}{\overline{X}} \times 100 \quad \cdots\cdots (7)$$

式中：

CV_x——变异系数，单位为百分率（%）；

$\overline{X}$——株距平均值，单位为厘米（cm）；

S_x——株距标准差，单位为厘米（cm）。

其中，株距平均值按式（8）计算，株距标准差按式（9）计算平均值。

$$\overline{X} = \frac{\sum_{i=1}^{n} X_i}{n} \quad\cdots\cdots\cdots\cdots\cdots\cdots\cdots\cdots\cdots\cdots\cdots\cdots\cdots\cdots\cdots\cdots\cdots\cdots\cdots\cdots\cdots\cdots \quad (8)$$

式中：

$\overline{X}$——株距平均值，单位为厘米（cm）；

n——实测秧苗数，单位为株；

X_i——合格株距，$0.5X_r < X_i \leqslant 1.5X_r$，$(i=1,2\cdots n)$，单位为厘米（cm）；

$$S_x = \sqrt{\frac{1}{n-1}\sum_{i=1}^{n}(X_i - \overline{X})^2} \quad\cdots\cdots\cdots\cdots\cdots\cdots\cdots\cdots\cdots\cdots\cdots\cdots\cdots\cdots\cdots \quad (9)$$

式中：

S_x——株距标准差，单位为厘米（cm）；

n——实测秧苗数，单位为株；

X_i——合格株距，$0.5X_r < X_i \leqslant 1.5X_r$，$(i=1,2\cdots n)$，单位为厘米（cm）；

$\overline{X}$——株距平均值，单位为厘米（cm）。

6.9.3.2 栽植深度合格率

秧苗栽植的深度范围在理论栽植深度的 ±2 cm 内，视为栽植深度合格。栽植深度合格率按式（10）计算，检测结果记入表 A.4。

$$H = \frac{N_h}{N'} \times 100 \quad\cdots\cdots\cdots\cdots\cdots\cdots\cdots\cdots\cdots\cdots\cdots\cdots\cdots\cdots\cdots\cdots\cdots\cdots\cdots \quad (10)$$

式中：

H——栽植深度合格率，单位为百分率（%）；

N_h——栽植深度合格的总株数，单位为株；

N'——理论移栽株数，单位为株。

7 检验规则

7.1 抽样方案

抽样方案按 GB/T 2828.11—2003 中表 B.1 制定，见表 4。

表 4 抽样方案

检验水平	O
声称质量水平（DQL）	1
核查总体（N）	10
样本量（n）	1
不合格品限定数（L）	0

7.2 抽样方法

根据抽样方案确定，抽样基数 10 台，被检样品为 1 台。样品在制造单位生产的合格产品中，或销售部门待售的产品中，或产品的用户中随机抽取。被抽样品应是近一年生产的产品。

7.3 不合格分类

不合格项目按其对产品质量的影响程度，分为 A、B、C 三类。A 类为对产品质量有重大影响的项

目,B类为对产品质量有较大影响的项目,C类为对产品质量影响一般的项目。检验项目及不合格分类
见表5。

表5 不合格分类

不合格分类		检验项目	对应质量要求的条款号
类别	序号		
A	1	安全防护	5.8.1
	2	安全标志	5.8.2
	3	使用说明书中安全注意事项	5.6.2
	4	可靠性	5.5
B	1	栽植频率	5.9
	2	立苗率	5.9
	3	埋苗率	5.9
	4	伤苗率	5.9
	5	漏栽率	5.9
	6	株距变异系数	5.9
	7	栽植深度合格率	5.9
	8	关键零部件质量	5.7
	9	使用说明书	5.6.2
C	1	漆膜质量	5.1
	2	外观质量	5.2
	3	装配质量	5.3
	4	操作方便性	5.4
	5	标牌	5.6.1

7.4 评定规则

7.4.1 样品合格判定

对样品的 A、B、C 各类检验项目进行逐一检验和判定,当 A 类不合格项目数为 0(即,A=0)、B 类不合格项目数不超过 1(即,B≤1)、C 类不合格项目数不超过 2(即,C≤2)时,判定样品为合格产品;否则判定样品为不合格产品。

7.4.2 综合判定

若样品为合格产品(即,样品的不合格产品数不大于不合格产品限定数),则判该核查通过;若样品为不合格产品(即,样品的不合格产品数大于不合格产品限定数),则判核查总体不合格。

附 录 A
（规范性附录）
检测相关记录表

表 A.1 秧苗状态及钵体形状记录表

秧苗状态		体体状态	
秧苗种类		钵体形状	
苗高和极差,cm		钵体直径(边长),cm	
苗冠,cm		钵体高度,cm	
苗龄,d		钵体基质	
注1:秧苗状态在秧苗处在自然生长状态下测定,测定数量不少于30株,取平均值。			
注2:对于带钵体的秧苗,苗高为钵体表面以上的高度。			

表 A.2 栽植频率试验结果记录表

测定次数	1	2	3	平 均
栽植株数,株				
栽植时间,s				
栽植频率,株/(min·行)				

表 A.3 栽植质量试验结果记录表

项 目		第 行			第 行				数 据 处 理		
		试验1	试验2	试验3	试验1	试验2	试验3	平均值	计算项目		计算结果
名 称	单位								名 称	单位	
测定总株数	株								测定总株数	株	
测定段长度	cm								设计株数	株	
漏栽株数	株								漏栽率		
埋苗株数	株								埋苗率		
伤苗株数	株								伤苗率		
合格株数	株								栽植深度合格率		

表 A.4 栽植精度试验结果记录表

项 目			第 行	第 行	第 行
合格株数(株)					
株距(cm)	平均值	cm			
	标准差	cm			
	变异系数	%			
栽植深度(cm)	总株数	株			
	合格株数	株			
	合格率	%			

ICS 65.060.40
B 91

中华人民共和国农业行业标准

NY/T 1925—2010

在用喷杆喷雾机质量评价技术规范

Technical specifications of quality evaluation for boom sprayers in use

2010-07-08 发布

2010-09-01 实施

中华人民共和国农业部 发布

前　言

本标准遵照 GB/T 1.1—2009 给出的规则起草。

本标准由农业部农业机械化管理司提出。

本标准由全国农业机械标准化技术委员会农业机械化分技术委员会(SAC/TC201/SC2)归口。

本标准起草单位:农业部南京农业机械化研究所、山东华盛中天机械集团有限公司。

本标准主要起草人:陈长松、王忠群、郭丽。

在用喷杆喷雾机质量评价技术规范

1 范围

本标准规定了在用喷杆喷雾机的检验要求、质量要求、检测方法和检验规则。

本标准适用于拖拉机配套的在用悬挂式、牵引式喷杆喷雾机以及推车式喷杆喷雾机（以下简称喷雾机）的质量评定。

2 规范性引用文件

下列文件对于本文件的应用是必不可少的。凡是注日期的引用文件，仅注日期的版本适用于本文件。凡是不注日期的引用文件，其最新版本（包括所有的修改单）适用于本文件。

GB 10395.1 农林机械 安全 第1部分:总则

GB 10395.6 农林拖拉机和机械 安全技术要求 第6部分:植物保护机械

GB 10396 农林拖拉机和机械、草坪和园艺动力机械 安全标志和危险图形 总则

GB/T 24677.1—2009 喷杆喷雾机 技术条件

GB/T 24677.2—2009 喷杆喷雾机 试验方法

3 检验要求

3.1 检验前应将喷雾机使用状态记录在附录A中。允许检验前对喷雾机作技术调整，但不允许换零件。

3.2 喷雾机性能试验在常温下进行，试验介质为不含固体悬浮物的清水。

3.3 检测场地应平整、干净，具有供水、排水等设施。

3.4 检测人员检验前应穿戴好长袖衣裤、戴口罩和乳胶手套，检验结束后应及时更换，并用肥皂清洗手、脸等裸露部位的皮肤。

3.5 试验用汽油、机油应符合使用说明书的要求。

3.6 试验前，应对喷雾机进行检查和调整，并在额定工况下清洗喷雾机，若发现喷头堵塞、滴漏等故障，先用清水冲洗喷头，然后排除故障。疏通防滴阀和喷孔时应采用毛刷，严禁用嘴吹吸喷头和滤网。

3.7 整机性能试验在额定工况下进行。

3.8 清洗完喷雾机的水应倒入专门的容器，统一处理。

3.9 试验用仪器仪表应经计量部门检定合格，并在检定合格有效期内，主要测定参数仪器准确度要求参见附录B。

4 质量要求

4.1 运转性能

操作系统、驱动系统、液压系统和调节控制系统均应操作方便、可靠，无卡滞现象。管路系统和喷洒系统应密封可靠，无渗漏现象。

4.2 过滤装置

喷雾机应有三级过滤装置，至少有一级过滤网的孔径应不大于喷孔最小通过段。

4.3 药液箱

药液箱部件应符合GB/T 24677.1—2009中相应药液箱部件的要求。

4.4 安全标识

喷雾机的安全标识应符合 GB 10396 中相应的要求。

4.5 整机密封性能

喷雾机在额定工作压力下运转 3 min 时,喷头等各工作部件连接处不应有松动和液体渗漏现象。

4.6 调压卸荷性能

喷雾机应设置压力调节装置,在使用说明书明示的额定工作压力或最高工作压力范围内应能平稳地调压。

4.7 喷头防滴性能

喷头防滴性能应符合 GB/T 24677.1—2009 中的相关要求。

4.8 喷头喷雾量均匀性

喷雾机在额定工作压力时,喷雾机上各喷头的喷雾量变异系数应小于 15%。

4.9 沿喷杆喷雾量均匀性

喷雾机在额定工作压力时,沿喷杆方向的喷头喷雾量分布均匀性变异系数应小于 20%。

4.10 安全要求

4.10.1 风机叶轮、液泵传动装置等转动件、喷杆折叠机构可能产生挤夹和剪切危险处等应有安全防护装置,防护装置应符合 GB 10395.6 的规定。因结构原因无法保证安全距离时,应设置符合 GB 10395.1 规定的安全标志。

4.10.2 喷雾机应有限定工作压力的安全装置,其限定压力应不超过最高工作压力的 1.2 倍。从安全装置泄出的药液应能安全排放。

4.10.3 液泵的空气室、喷雾机承压管路部件的耐压性能应符合 GB 10395.6 的规定。

5 检测方法

5.1 运转性能

  a) 操作各转动部位和调节机构,检查转动是否灵活、可靠;

  b) 检查紧固件是否拧紧,是否有异常声响。

5.2 过滤装置

  a) 目测检查喷雾机是否配有三级过滤装置;

  b) 用工具显微镜测量或用等于喷孔直径 75% 的量规或钻头,分别测量三级滤网的孔径,检查孔径是否符合要求。

5.3 药液箱

  a) 在药液箱里加满水,目测检查药液箱是否有气孔和裂纹等缺陷,是否有渗漏、变形、凹陷等现象,检查是否固定可靠;

  b) 目测检查药液箱外表面是否有刻度标记;向药液箱内加清水,观察外表面,检查是否能看清液面位置;

  c) 目测检查药液箱内是否有药液搅拌装置。

5.4 安全标识

目测安全标识是否符合要求。

5.5 性能检验

5.5.1 整机密封性能

喷雾机在额定压力下运转 3 min 时,观测喷头等各工作部件连接处是否有松动和液体渗漏现象。

5.5.2 调压卸荷性能试验

在喷雾机调压阀出水管路上,安装一截止阀,使出水管路流量等于喷头的总喷量,调节调压阀上的弹簧压力,在从0至最高压力逐个工况调节压力时,检查调压阀是否灵敏可靠;调压阀卸压时,检查压力是否能迅速下降到起始值。

5.5.3 喷头防滴性能试验

按GB/T 24677.2—2009的有关要求,测定喷雾机在正常工况下各喷头1 min内滴漏的液滴数。测定结果记录在附录C中。

5.5.4 喷头喷雾量均匀性测定

在喷雾机额定工作压力时测定喷杆上每个喷头的喷雾量,应避免接液筒接液时,药液飞溅或外流。测定时间1 min,检测不少于3次。测定结果记录在附录D中。

5.5.5 沿喷杆喷雾量分布均匀性测定

将喷雾机喷杆上喷头装在离集雾槽的高度500 mm处。在额定工作压力时,进行喷雾,测定时间为1 min,收集每条槽内流出的液体,应避免接液筒接液时,药液飞溅或外流,用量筒测出药液量,测定结果记入附录E中。

5.6 安全性检查

按GB 10395.6的方法进行检查。

6 检验规则

6.1 不合格分类

不合格项目按其对产品质量的影响程度,分为A、B两类。A类为对产品质量有重大影响的项目,B类为对产品质量影响一般的项目。检验项目及不合格分类见表1。

表1 检验项目及不合格分类表

不合格项目分类		项目分类	对应质量要求的条款号
类别	序号		
A	1	安全性要求	4.10
	2	整机密封性能	4.5
	3	喷头防滴性能	4.7
	4	喷头喷雾量均匀性	4.8
B	1	过滤装置	4.2
	2	沿喷杆喷雾量均匀性	4.9
	3	药液箱	4.3
	4	安全标识	4.4
	5	运转性能	4.1
	6	调压卸荷性能	4.6

6.2 评定规则

6.2.1 A类项目必须全部合格。不合格项经过调整后检测合格,则判定喷雾机为合格;否则判定为不合格。

6.2.2 B类项目允许两项不合格。不合格项经过调整后检测,不合格项不超过两项时,判定为合格;否则判定为不合格。

附　录　A

（资料性附录）

喷雾机使用状态记录表

生产企业			机具型号		购买时间		
经销企业			商标				
故障发生部位及状态	部件名称	状态描述	零部件更换情况	部　件	有	无	
	液　泵			液　泵			
	风　机			风　机			
	药液箱			药液箱			
	喷　头			喷　头			
	防滴阀			防滴阀			
	平衡装置			平衡装置			
	开　关			开　关			
	过滤器			过滤器			

附　录　B
（资料性附录）
试验用主要仪器设备

序号	仪器名称	测量参数	计量单位	测量范围	准确度要求
1	皮　尺	长度	m	0 m～100 m	1 mm
2	秒　表	时间	s	0 h～24 h	0.5 s/d
3	量　筒	毫升	mL	0 mL～1 000 mL	0.1 mL
4	压力表	压力	MPa	0 MPa～1 MPa	0.01 MPa

附 录 C

（资料性附录）

喷头防滴性能测定

机具名称：   试验日期：

喷头型号：   防滴装置型式：   喷头工作压力：

次 数	滴漏液滴数							
	出现滴漏现象的喷头序号							
	1	2	3	4	5	6	7	…
1								
2								
3								
平均值								

附　录　D

（资料性附录）

喷雾机上各喷头的喷雾量测定

喷头工作压力（MPa）：

检验日期：

次数 喷头流量,mL	喷头序号								总喷量	
	1	2	3	4	5	6	7	…		
1										
2										
3										
平均值 Q									平均值	
标准差 S									误差值	
变异系数,%										

附　录　E

（资料性附录）

沿喷杆喷雾量分布均匀性测定

次　数	喷雾槽序号									
	1	2	3	4	5	6	7	8	9	…
1										
2										
3										
平均值 Q										
标准差 S										
变异系数，%										
备　注										

ICS 65.060.50
B 91

中华人民共和国农业行业标准

NY/T 1926—2010

玉米收获机 修理质量

Repairing quality for corn harvester

2010-07-08 发布

2010-09-01 实施

中华人民共和国农业部 发布

前　言

本标准遵照 GB/T 1.1—2009 给出的规则起草。

本标准由农业部农业机械化管理司提出。

本标准由全国农业机械标准化技术委员会农业机械化分技术委员会(SAC/TC 201/SC 2)归口。

本标准起草单位:农业部农业机械试验鉴定总站、河北省农业机械修造服务总站。

本标准主要起草人:王桂显、孙彦玲、温芳、叶宗照、张缺俊、冯佐龙、崔玉山、周小燕。

玉米收获机　修理质量

1　范围

本标准规定了玉米收获机(以下简称收获机)主要零部件、总成及整机的修理技术要求、检验方法、验收与交付要求。

本标准适用于收获机的主要零部件、总成及整机的修理质量评定。

2　规范性引用文件

下列文件对于本文件的应用是必不可少的。凡是注日期的引用文件,仅注日期的版本适用于本文件。凡是不注日期的引用文件,其最新版本(包括所有的修改单)适用于本文件。

GB/T 1184—1996　形状和位置公差　未注公差值

GB/T 9239.1　机械振动　恒态(刚性)转子平衡品质要求　第1部分:规范与平衡允差的检验

GB 10395.7　农林拖拉机和机械　安全技术要求　第7部分:联合收割机、饲料和棉花收获机

GB 10396　农林拖拉机和机械、草坪和园艺动力机械　安全标志和危险图形　总则

GB/T 14248　收获机械　制动性能测定方法

GB/T 16151.12—2008　农业机械运行安全技术条件　第12部分:谷物联合收割机

GB/T 21962—2008　玉米收获机械　技术条件

GB 23821　机械安全　防止上下肢触及危险区的安全距离

NY/T 504　秸秆还田机修理技术条件

JB/T 6268　自走式收获机械　噪声测定方法

3　术语和定义

下列术语和定义适用于本文件。

3.1

农业机械修理质量　repairing quality for agricultural machinery

农业机械修理后满足其修理技术要求的程度。

[NY/T 1630—2008,定义3.1]

3.2

标准值　normal value

产品设计图纸及图样规定应达到的技术指标数值。

[NY/T 1630—2008,定义3.2]

3.3

极限值　limiting value

零、部件应进行修理或更换的技术指标数值。

[NY/T 1630—2008,定义3.3]

3.4

修理验收值　repairing accept value

修理后应达到的技术指标数值。

[NY/T 1630—2008,定义3.4]

4 修理技术要求

4.1 一般要求

4.1.1 收获机修理前应经技术状态检查,判明故障现象,明确修理项目和方案,做好记录并签订农业机械维修合同。

4.1.2 修理时,产品使用说明书规定修理技术要求的按规定进行,没有规定的按本标准执行。

4.1.3 检查与维修收获机应在平坦场地上进行。维修割台或在割台下面工作时,应使用安全卡或木块等将割台牢固支承。

4.1.4 拆装中对有特殊要求的零部件应使用专用工具。对主要零件的基准面或精加工面,应避免碰撞或敲击。对不能互换、有装配规定或有平衡块的零部件,应做好记号按原位装回。

4.1.5 总成解体后,对橡胶、胶木、塑料、铝合金、锌合金零件及制动器摩擦片、离合器摩擦片等,不应用强腐蚀性液体清洗;对预润滑轴承、含油粉末冶金轴承等,不应浸泡在煤油中清洗;对制动器摩擦片、离合器摩擦片等摩擦材料,不应接触油类。

4.1.6 需电焊维修时,应停机熄火并切断电源开关。

4.1.7 对机架、前后桥、驾驶室、割台架等焊接件焊后不应有扭曲变形、开焊等现象。

4.1.8 对箱体、壳体等基础件的装配基准面、孔与主要零部件的配合部位,拆卸修理时应检查和记录其形位公差、配合尺寸。

4.1.9 各部位螺栓、螺母配用的垫圈、开口销、锁紧垫片及金属锁线等,应按原机装配齐全。开口销及金属锁线应按穿孔孔径正确选用。对摘穗架、液压油缸等重要部位紧固件的性能等级应为:螺栓不低于8.8级,螺母不低于8级。承受载荷的紧固件扭紧力矩应符合附录A的规定。

4.1.10 各零部件结合部位应密封或绝缘良好,不得有漏水、漏油、漏气、漏电现象。

4.1.11 修理选用的或自行配制的各零部件均应符合有关标准和技术文件要求,并应经检验合格。

4.2 发动机

4.2.1 发动机机体、散热器、消音器需冷却后方能进行检查维修。

4.2.2 发动机修理装配后,起动应顺利平稳,在气温−5℃~35℃条件下每次起动时间应不大于30 s。在怠速和最高空转转速下,运转平稳,无异响,熄火彻底可靠;在正常工作负荷下,排气烟色正常。

4.2.3 大修后的发动机在标定转速时,功率应达到原机标定功率的95%以上,燃油消耗率应不超过标定值的5%。

4.2.4 配有涡轮增压器的发动机,修后增压器转子应转动灵活无卡滞,其轴向游动量应不大于0.15 mm,单边径向间隙应不大于0.10 mm。

4.3 传动系

4.3.1 行走离合器

4.3.1.1 离合器压盘工作面不平度的极限值为0.12 mm,磨损的环形沟痕不得超过0.5 mm。磨削修理或更换后,应进行静平衡试验,其不平衡量修理验收值为不大于500 g·mm。

4.3.1.2 更换压紧弹簧时,应成组更换。每只弹簧在相同工作高度下相互压力差应不大于5%。

4.3.1.3 摩擦片铆钉沉入量极限值为0.2 mm,摩擦片不得开裂。更换摩擦片时,应铆接牢固、紧密配合。铆合修理验收值为:铆钉头沉入摩擦片表面的沉入量为0.8 mm~1.5 mm;摩擦片总厚度差不大于0.2 mm。

4.3.1.4 分离杠杆端面磨损的极限值为1 mm。更换分离杠杆时应成组更换,同组分离杠杆质量差应不大于3 g。

4.3.1.5 分离爪与分离轴承之间的间隙应为2 mm~3 mm,分离爪与压力盘摩擦平面的距离应符合产品使用说明书要求。

4.3.1.6 总成装配后,3 个分离杠杆顶端应在平行于压盘工作面的同一平面内,其相互差应不大于 0.3 mm。

4.3.1.7 壳体紧固螺栓在拧紧时要按对角线方向交替逐步按规定拧紧力矩拧紧。

4.3.1.8 踏板的自由行程应符合产品使用说明书要求。离合器应分离彻底,结合平稳、可靠。

4.3.2 行走变速箱

4.3.2.1 变速拨叉端面磨损量极限值为 0.4 mm。壳体不得有裂纹和破损;齿轮损坏齿数不应超过总数的 1/10;传动轴花键与滑动齿轮键槽的侧间隙不得超过标准值 0.15 mm。

4.3.2.2 更换轴上轴承时,作用力应敲击在轴承内套;更换轴承座孔上的轴承时,作用力应敲击在轴承外套。应使用合适的工具拆装轴承,以保证不伤及与轴承配合件的表面。

4.3.2.3 滑动齿轮在工作挡位时,齿轮副沿齿长应全部良好啮合,其不啮合长度应不大于 1.5 mm。

4.3.2.4 在调整变速箱的离合器间隙时,应同时检查小制动轮与制动蹄之间径向间隙,其值应为 1 mm～2 mm。

4.3.2.5 变速箱总成修理后应进行试运转。运转中不得有自动脱挡和跳挡现象,操纵换挡机构应轻便、灵活、可靠,运转和换挡时均不得有异常响声,变速杆不得有明显的抖动现象。在规定的使用转速下运转 30 min 后,箱体、轴承座、轴承部位温升不应超过 25℃。

4.3.3 皮带传动

4.3.3.1 皮带不应开裂、脱层、扭曲变形;皮带轮及张紧轮轮缘不得有缺口、变形;皮带轮与轴的配合不允许超过标准值 10%。

4.3.3.2 更换传动皮带时,应成组更换。同一回路的多条皮带,其长度差应不大于 8 mm。更换时,应松开张紧装置,不得用撬棍及锐器强行撬动传动带。

4.3.3.3 传动带张紧度应适当。按表 1 所列的相应作用力按压单根传动带松边中部,其挠度应不大于两带轮中心距的 1.6%。

表 1 测定张紧度所需的作用力

带型	小带轮直径 mm	带速 m/s	作用力 N
A	75～140	0～10	9.3～13.7
		10～20	7.8～11.8
		20～30	6.4～9.8
	>140	0～10	13.7～20.6
		10～20	11.8～17.7
		20～30	9.8～14.7
B	125～200	0～10	18.1～27.5
		10～20	14.7～21.6
		20～30	12.3～17.7
	>200	0～10	27.5～41.2
		10～20	21.6～32.4
		20～30	17.7～26.5
C	200～400	0～10	35.3～53.0
		10～20	29.4～44.1
		20～30	24.5～37.3
	>400	0～10	53.0～83.4
		10～20	44.1～68.7
		20～30	32.3～54.9

4.3.3.4 在开式传动和交叉传动中,同一回路的各带轮轮槽对称中心面的位置度公差:当中心距小于 1.2 m时,应为不大于中心距的0.3%;当中心距大于等于1.2 m时,应为不大于中心距的0.5%。

4.3.4 链条传动

4.3.4.1 链条传动的极限值为:工作中经常出现爬齿或跳齿现象。

4.3.4.2 更换链轮时,应成对更换;更换链条时,应整条更换。

4.3.4.3 同一回路中,各链轮轮齿对称中心面的位置度公差应不大于两轮中心距的0.2%。

4.3.4.4 用开口锁片锁紧节头的链条,锁片开口方向应与链条运动方向相反。用开口销锁紧节头的链条,销子张开角度应大于90°。

4.3.4.5 升运器刮板两链条张紧度应一致,主、从动链轮轴与链条运动方向应垂直。

4.3.4.6 拨禾链张紧度调整后应保证链条辊体外圆与托链滑块间隙为2 mm~5 mm。拨禾链条张紧板固定后,托链板处的链条辊体中心面应不高出两链轮节圆切线之外。

4.3.4.7 同一摘穗架上的两拨禾链拨齿应交错装配。拨齿在导槽工作时,其工作面应向后。

4.4 制动器

4.4.1 制动蹄与制动凸轮的接触面磨损量的极限值为0.3 mm。

4.4.2 制动摩擦片铆钉沉入量的极限值为0.3 mm;摩擦片不得开裂,在制动状态时,与制动鼓的接触面积不应小于总面积的80%。

4.4.3 更换摩擦片时,同一制动鼓的摩擦片应同时更换。铆合摩擦片时,应铆接牢固、紧密配合,铆钉头沉入摩擦片表面的沉入量应为0.8 mm~1.2 mm。

4.4.4 左右两端制动器制动夹盘的自由间隙应调成一致,其间隙为0.5 mm~1.0 mm。

4.4.5 使用规定的专用制动液,制动液储量应不小于制动液容器80%的容积。

4.4.6 盘式制动器的制动盘钢片、压力板、制动鼓、半轴壳体与摩擦片接触的表面不应有油污、龟裂和破损,平面度公差应不大于0.1 mm。

4.4.7 蹄式制动器在制动状态下,制动蹄与制动鼓的接触面积应不小于总面积的90%;非制动时,与制动鼓的间隙应符合标准值。

4.4.8 制动踏板自由行程应符合产品说明书要求。制动踏板在产生最大制动作用后,应留有不少于1/5总行程量的储备行程。制动应平稳、灵敏、可靠。松开制动踏板时,制动器应分离彻底、复位有效。

4.5 机架与行走系统

4.5.1 机架水平面、垂直面的对角线尺寸差应不大于其标准值的0.2%。同一平面相互平行的底梁,平行度公差应不大于2 mm/m。

4.5.2 在驱动轮未充分放气的情况下不得拆卸联结轮辋与轮毂的固定螺母。装配驱动轮辋与驱动轮毂连接螺柱螺母时要按对称方向分多次拧紧。轮胎充气压力应符合产品使用说明书要求。

4.5.3 安装驱动轮时应保证胎纹方向正确。左右驱动轮应使用相同规格型号、相同胎纹数量或磨损程度基本相同的轮胎。

4.5.4 转向桥前束应符合产品使用说明书要求。

4.6 割台与升运器

4.6.1 剔草刀的极限值为剔草刀与拉茎辊间隙调至最小时局部间隙为2.5 mm。

4.6.2 拉茎辊尾端销孔磨损深度的极限值为2 mm。焊修后应进行硬化热处理,销孔表面硬度应为22 HRC~28 HRC。

4.6.3 摘穗辊、拉茎辊径向圆跳动公差应不大于1.5 mm。转动时,应无卡滞、磕碰现象。

4.6.4 分动箱锥齿轮副啮合应保证小齿轮工作面上的啮合印痕位于齿高中部,印痕长度应不小于小齿轮齿宽的 1/2,且接近锥齿小端。齿轮啮合间隙应为 0.15 mm～0.25 mm。

4.6.5 割台搅龙刮板的极限值:其最大外缘尺寸低于叶片外缘尺寸 30 mm;刮板严重变形;有较大裂纹或豁口。

4.6.6 装配割台搅龙时,应保证搅龙轴中心与搅龙壳体底面相对平行,两端的间隙差应不大于 3 mm。搅龙叶片与底壳的间隙应为 6 mm～10 mm。

4.6.7 摘穗架焊合应保证其上表面与齿箱座、固定座和被动拨禾链轮座的上表面平行,平行度公差应不大于 2 mm/m。

4.6.8 割台架水平面、垂直面的对角线尺寸差应不大于其标准值的 0.4%。

4.6.9 自走式收获机割台液压升降机构应符合 GB/T 21962—2008 中 5.5 的规定。

4.6.10 链条刮板式果穗升运器滑道工作表面的直线度公差应不大于 2 mm/m,两滑道的平行度公差应不大于 3 mm/m。

4.7 剥皮机

4.7.1 剥皮铁辊的径向圆跳动公差应不大于 1.5 mm。

4.7.2 剥皮铁棍上的凸钉突出剥皮辊表面应为 1 mm～2 mm,凸钉不得松动且剥皮铁辊转动时不得有卡碰现象。

4.7.3 剥皮胶辊与铁棍间的压紧力应为 550 N～830 N。

4.8 脱粒清选机构

4.8.1 清选筛筛面安装应平整,与筛框固定牢靠。

4.8.2 圆柱形钉齿滚筒与凹板间的工作间隙应为 50 mm～80 mm。

4.8.3 圆锥形钉齿滚筒在入口处的工作间隙应为 50 mm～80 mm,出口处的工作间隙为 28 mm～60 mm。

4.9 秸秆还田及切碎回收装置

4.9.1 秸秆还田装置修理应符合 NY/T 504 的要求。

4.9.2 切碎滚筒刃口外缘的圆跳动公差应符合 GB/T 1184—1996 中 5.2.5 规定的未注圆跳动公差 L 等级的要求。

4.9.3 切碎滚筒定刀刃口的直线度公差应符合 GB/T 1184—1996 中 5.1.1 规定的未注直线度公差 L 等级的要求。

4.9.4 更换动刀片后切碎滚筒应进行动平衡试验,平衡精度应不低于 GB/T 9239.1 规定的 G 6.3 级。

4.9.5 对于带有磨刀机构的收获机,磨刀机构的导轨与切碎滚筒轴心线应平行,平行度公差应符合产品技术相关条文的要求,对于未注公差技术要求的,平行度公差应符合 GB/T 1184—1996 中 5.2.1 规定的平行度公差的要求。

4.9.6 切碎滚筒动刀与定刀的间隙应为 0.25 mm～1.00 mm,切碎滚筒动刀与底板的间隙应为 0.5 mm～3.0 mm,且在全长范围内应均匀一致。

4.9.7 抛送筒应转动灵活、锁定可靠,抛送回转角度应大于 90°。

4.10 液压系统

4.10.1 液压操纵系统和液压转向系统压力调整应符合产品使用说明书要求。

4.10.2 各油路油管和接头应在 1.5 倍的使用压力下做耐压试验,保持压力 2 min,管路不得有渗漏油现象。

4.10.3 液压操纵系统和转向系统应灵活可靠,无卡滞现象,阀杆自动复位及时准确。各液压油缸活接头端应配用防松螺母和防松锁片。

4.10.4 安装管路时,按照阀接口处的标记,"左"、"右"接口应分别与通向转向油缸的"左"、"右"腔管路相接;"进"口与分流阀输出油口管路相接;"回"口与通向油箱的回油管相接。

4.10.5 安装阀时,应向油口加注 50 mL～100 mL 液压油,并进行试转动,阀芯应灵活无异常现象。

4.10.6 液压油规格、加油量应符合产品使用说明书要求。禁止不同品种的油混用。

4.11 电气系统

4.11.1 蓄电池的电压及额定容量应达到相应规定值。极板与电桩、电桩与联接板应焊接牢固,螺塞及螺孔的螺纹应完好,通气孔畅通。

4.11.2 交流发电机应与调节器配套使用,负极搭铁与蓄电池并联且连线极性应一致。

4.11.3 交流发电机修理后,应进行负载运转试验,在电压 12 V(硅整流发电机 14 V)时,其额定功率应达到相应规定值。

4.11.4 各电气元件应完好,电气线路连接应正确有序,接头牢固,绝缘良好。

4.11.5 各部位配置的传感器应安装牢固、指示准确、工作可靠。

4.12 整机

4.12.1 收获机修复后,应进行空载试运行,各机构应运转平稳,无异响,各机构温升正常。

4.12.2 仪表应工作正常,数值准确;指示器的指示位置应与各相应部位的实际情况相符。

4.12.3 各调节机构应保证操作方便、调节灵活、可靠,各部件调节范围应能达到规定的位置。各操纵机构应轻便灵活、松紧适度。所有要求自动回位的操纵件,在操纵力去除后,应能自动返回原位。

4.12.4 灯光照明、声响信号等装置应符合 GB 16151.12—2008 中 14 的规定。

4.12.5 自走式收获机制动系应符合 GB 16151.12—2008 中 7 的规定。

4.12.6 自走式收获机噪声应符合 GB 16151.12—2008 中 3.9 的规定。

4.12.7 外露危险运动件的防护装置均应安装可靠,并应符合 GB 10395.7 及 GB 23821 的规定。

4.12.8 各部位的安全标志应保持完整。更换带有安全标志的零部件应同时更换新的标志,标志型式、颜色等应符合 GB 10396 的规定。

5 检验方法

5.1 制动性能检验按 GB/T 14248 的规定执行。

5.2 噪声检验按 JB/T 6268 的规定执行。

5.3 其他性能指标的检验按常规的检验方法进行。

6 验收与交付

6.1 整机或零部件修理后,其性能和技术参数达到本标准的规定为修理合格。

6.2 整机或零部件修理后,应经过检验,对不合格的修理项目应返修处理。

6.3 整机或零部件修理合格后,应经维修双方签字确认。承修方应向送修方提交有修理项目和规定保修期的农业机械维修合同及相关验收资料。

6.4 对交付用户的收获机,应按农业机械维修合同规定的保修期执行保修。

附　录　A
（资料性附录）
紧固件拧紧力矩

螺栓性 能等级	螺栓公称直径,mm							
	8	10	12	14	16	18	20	22
	拧紧力矩 N·m(1 kgf·m＝9.806 65 N·m)							
4.6	10～12	20～25	35～44	54～69	88～108	118～147	167～206	225～284
5.6	12～15	25～31	44～54	69～88	108～137	147～180	206～265	284～343
6.6	14～18	29～39	19～64	83～98	127～157	176～216	245～314	343～431
8.8	23～29	44～58	76～102	121～162	189～252	260～347	369～492	502～669
10.9	29～35	64～76	108～127	176～206	274～323	372～441	529～637	725～862
12.9	37～50	74～88	128～171	204～273	319～425	489～565	622～830	847～1129

ICS 65.060.01
B 04

中华人民共和国农业行业标准

NY/T 1927—2010

农机户经营效益抽样调查方法

Sampling survey method for benefit of agricultural machinery household

2010-07-08 发布

2010-09-01 实施

中华人民共和国农业部 发布

NY/T 1927—2010

前　言

本标准遵照 GB/T 1.1—2009 给出的规则起草。

本标准由中华人民共和国农业部农业机械化管理司提出。

本标准由全国农业机械标准化技术委员会农业机械化分技术委员会(SAC/TC 201/SC 2)归口。

本标准起草单位:农业部农业机械试验鉴定总站、江苏省农业机械管理局、山东省农业机械管理办公室、陕西省农业机械管理局。

本标准主要起草人:梅成建、何丽虹、李伟、盖致富、王俊杰、郑莉、杨永胜。

农机户经营效益抽样调查方法

1 范围

本标准规定了农机户经营效益抽样调查的术语和定义、抽样调查程序及方法。

本标准适用于县级农业机械化管理统计中农机户经营效益的统计。

2 规范性引用文件

下列文件对于本文件的应用是必不可少的。凡是注日期的引用文件,仅注日期的版本适用于本文件。凡是不注日期的引用文件,其最新版本(包括所有的修改单)适用于本文件。

NY/T 1766 农业机械化统计基础指标

3 术语和定义

下列术语和定义适用于本文件。

3.1

农机户 agricultural machinery household

指拥有或承包(租赁)2kW 以上(含 2kW)的农用动力机械,自用或为他人作业的农户。两户或多户联合购置、经营农业机械的,只作为一户统计。

3.2

标志值 flag value

上一年的分村农机户户均农机动力数值。

3.3

总本 population

一个县中所有农机户。

4 抽样调查程序及方法

4.1 制定抽样调查方案

4.1.1 抽样调查方案至少应该包括以下内容:

    a) 调查范围;

    b) 调查对象;

    c) 抽样原则和方法;

    d) 调查人员的培训;

    e) 调查的组织与实施;

    f) 调查数据的处理。

4.1.2 农机户经营效益统计抽样调查指标应符合 NY/T 1766 的要求。

4.2 抽样

4.2.1 收集上年度相关基础统计资料,包括全县和分村农机总动力、农机户数、农机户经营效益等。

4.2.2 以全县(区、市)所有的行政村为抽样框。

4.2.3 将标志值从高到低或从低到高排队,确定各标志值序号。随机确定抽样起点。

4.2.4 采用对称等距抽样方法抽选村。抽中村数不少于总本的 5%。

抽样组距按式(1)计算。

$$K = \frac{N}{n} \quad\cdots\cdots\cdots\cdots\cdots\cdots\cdots\cdots\cdots\cdots\cdots (1)$$

式中：

K——抽样组距；

N——全县行政村数；

n——抽中村数。

4.3 样本的代表性检查

样本检查中出现不能满足下列之一者，应重新抽样。

——抽中村数包含的农机户数应不少于全县总农机户数的5%；

——抽中村农机户户均农机动力数与总本户均农机动力数差距小于5%；

——抽样误差系数控制在±5%以内。

4.3.1 样本平均数

按式(2)计算。

$$\bar{y} = \frac{\sum\limits_{i=1}^{n} y_i}{n} \quad\cdots\cdots\cdots\cdots\cdots\cdots\cdots\cdots\cdots\cdots\cdots (2)$$

式中：

$\bar{y}$——样本指标平均数；

y_i——第 i 个样本单位数值。

4.3.2 样本方差

按式(3)计算。

$$S^2 = \frac{N-n}{2n(n-1)N} \sum\limits_{i=1}^{n-1} (y_{i+1} - y_i)^2 \quad\cdots\cdots\cdots\cdots\cdots\cdots (3)$$

式中：

S——样本方差。

4.3.3 抽样误差

按式(4)计算。

$$\mu = \pm \frac{\sqrt{s^2}}{n} \quad\cdots\cdots\cdots\cdots\cdots\cdots\cdots\cdots\cdots\cdots (4)$$

式中：

μ——抽样误差。

4.3.4 抽样误差系数

按式(5)计算。

$$Q = \frac{\Delta}{\bar{y}} \quad\cdots\cdots\cdots\cdots\cdots\cdots\cdots\cdots\cdots\cdots\cdots (5)$$

式中：

Q——抽样误差系数；

$\Delta = \pm t\mu$，t 为概率度，一般取 1.96。

4.4 调查统计

对样本村内的所有农机户进行调查统计，全面统计农机户经营效益、农机动力值，并对统计数据审核检查。

4.5 总本农机户经营效益计算

4.5.1 样本村农机户每千瓦农机动力经营效益

按式(6)计算。

$$\bar{x} = \frac{\sum x_i}{m} \quad\cdots\cdots\cdots\cdots\cdots\cdots\cdots\cdots\cdots\cdots\cdots\cdots\cdots\cdots\cdots\cdots\cdots \text{（6）}$$

式中：

$\bar{x}$——样本村农机户每千瓦农机动力经营效益，单位为万元每千瓦（万元/kW）；

$\sum x_i$——样本村全部农机户经营效益之和，单位为万元；

m——样本村农机户农机总动力值，单位为千瓦（kW）。

4.5.2 总本农机户经营效益值

按式(7)计算。

$$X = \bar{x} \times M \quad\cdots\cdots\cdots\cdots\cdots\cdots\cdots\cdots\cdots\cdots\cdots\cdots\cdots\cdots \text{（7）}$$

式中：

X——总本农机户经营效益值，单位为万元；

M——总本农机户农机总动力数，单位为千瓦（kW）。

ICS 65.060.10
T 60

中华人民共和国农业行业标准

NY/T 1928.1—2010

轮式拖拉机　修理质量
第1部分:皮带传动轮式拖拉机

Repairing quality for wheeled tractors—
Part 1:Belt-driven wheeled tractors

2010-07-08 发布

2010-09-01 实施

中华人民共和国农业部 发布

前　言

本标准遵照 GB/T 1.1—2009 给出的规则起草。

本标准由农业部农业机械化管理司提出。

本标准由全国农业机械标准化技术委员会农业机械化分技术委员会(SAC/TC201/SC2)归口。

本标准起草单位:农业部农业机械试验鉴定总站、山东省农业机械科学研究所、山东时风(集团)有限责任公司。

本标准主要起草人:国彩同、温芳、杜建刚、杨吉生、叶宗照、胥宏伟。

轮式拖拉机 修理质量
第1部分：皮带传动轮式拖拉机

1 范围

本标准规定了皮带传动轮式拖拉机主要零部件、总成及整机的修理技术要求、检验方法、验收与交付要求。

本标准适用于皮带传动轮式拖拉机(以下简称拖拉机)主要零部件、总成及整机的修理质量评定。

2 规范性引用文件

下列文件对于本文件的应用是必不可少的。凡是注日期的引用文件，仅注日期的版本适用于本文件。凡是不注日期的引用文件，其最新版本(包括所有的修改单)适用于本文件。

GB/T 3871.4 农业拖拉机 试验规程 第4部分:后置三点悬挂装置提升能力

GB/T 3871.6 农业拖拉机 试验规程 第6部分:农林车辆制动性能的确定

GB/T 3871.8 农业拖拉机 试验规程 第8部分:噪声测量

GB/T 9486 柴油机稳态排气烟度及测定方法

GB 10395.1 农林机械 安全 第1部分:总则

GB 10396 农林拖拉机和机械、草坪和园艺动力机械 安全标志和危险图形 总则

GB 16151.1—2008 农业机械运行安全技术条件 第1部分:拖拉机

GB 18447.4—2008 拖拉机 安全要求 第4部分:皮带传动轮式拖拉机

GB 23821 机械安全 防止上下肢触及危险区的安全距离

3 术语和定义

下列术语和定义适用于本文件。

3.1
农业机械修理质量 repairing quality for agricultural machinery
农业机械修理后满足其修理技术要求的程度。
[NY/T 1630—2008,定义3.1]

3.2
标准值 normal value
产品设计图纸及图样规定应达到的技术指标数值。
[NY/T 1630—2008,定义3.2]

3.3
极限值 limiting value
零部件应进行修理或更换的技术指标数值。
[NY/T 1630—2008,定义3.3]

3.4
修理验收值 repairing accept value
修理后应达到的技术指标数值。
[NY/T 1630—2008,定义3.4]

4 修理技术要求

4.1 一般要求

4.1.1 拖拉机修理前,应经技术状态检查,判明故障现象,明确修理项目或方案,并作好记录。

4.1.2 修理拆装时,对有特殊要求的零部件,如缸套、活塞等,应使用专用工具拆装;对主要零件的基准面或精加工面,应避免碰撞、敲击或损伤;对不能互换、有装配规定或有平衡块的零部件,应在拆卸时做好记号,在装合时按原位装回。

4.1.3 总成解体后,应对零件清除油污、积炭、结胶、水垢,并进行除锈、脱旧漆或防锈处理。对橡胶、胶木、塑料、铝合金、锌合金零件及制动器摩擦片、离合器摩擦片等,应避免使用强腐蚀性清洗剂清洗;对预润滑轴承、含油粉末冶金轴承等,应不准浸泡在煤油中清洗;对各类油管、水管、气管等内部应清洁通畅。

4.1.4 对箱体、壳体等基础件和主要零件拆卸后,应检查和记录其配合部分,如孔径、轴颈的几何尺寸、表面形状和相互位置,特别是基础件的装配基准面不平度、与壳孔轴心线的不垂直度、壳孔轴心线相互间的不平行度、不同轴度和距离等。

4.1.5 修理换件时,各零部件应经检验合格后方可安装。选用或自行配制的主要零件,应符合原厂或拖拉机配件技术条件的要求。

4.1.6 修理后,对高速旋转零部件,如飞轮、曲轴等,应进行静平衡或动平衡试验;对有密封性要求的零部件,如气缸盖、气缸体、散热器、贮气筒等,应进行密封性检查或水压、气压试验;对主要或涉及安全的零部件,如曲轴、连杆、凸轮轴、前轴、转向节、转向节臂、球销、转向蜗杆轴、半轴、半轴套管等,应作探伤检查。

4.1.7 修理后,拖拉机各部位螺栓、螺母配用的垫圈、开口销、锁紧垫片和金属锁线等,应按原机装配齐全。开口销和金属锁线应按穿孔孔径正确选用。重要部位连接螺栓、螺母应无裂纹、损坏或变形。凡有规定拧紧力矩和拧紧顺序的螺栓及螺母,应按规定拧紧。

4.2 发动机要求

4.2.1 修理装配后发动机供油提前角、气门间隙、配气相位、喷油压力等应调整适当,符合相关标准或原厂要求。

4.2.2 修后发动机应按原设计规定加注润滑油、润滑脂、冷却液,并进行相应的冷磨、热试。发动机在各种工况下应运转平稳,不得有过热、异响、异常燃烧、爆震等现象;改变工况时应过渡平稳。

4.2.3 发动起动性能应符合相应标准要求,在常温、冷车时能顺利起动,手摇起动每次不超过 30 s,电起动每次不超过 15 s。

4.2.4 发动机怠速性能应符合原设计规定,停机装置应灵活有效。

4.2.5 发动机标定功率的修理验收值应不低于标准值的 95％,标定转速下燃料消耗率的修理验收值不得超过标准值的 2％。

4.2.6 发动机从标定转速到最大扭矩点转速的排气烟度值应不大于 5.0 Rb。

4.2.7 发动机外观应整洁;运转和停机时,水箱、水泵、缸体、缸盖及所有联接部位应密封良好,不得有漏水、漏油、漏气现象;电器部分应安装正确、绝缘良好。

4.3 传动系要求

4.3.1 传动三角胶带

4.3.1.1 传动三角胶带开裂、脱层、磨损过大、扭曲变形时需更换。更换时,同组三角胶带应成组更换,不宜新旧混用,更换的同组三角胶带长度差应不超过 5 mm。

4.3.1.2 更换后三角胶带的松紧程度应调整适当,用手指试压(约 50 N)皮带中央部位,下陷量为10 mm～20 mm。

4.3.2 离合器

4.3.2.1 离合器压盘工作面磨损的环形沟痕超过 0.5 mm 或不平度超过 0.12 mm 时,需磨削平面或更换。磨削时最大磨削量应不大于 1.5 mm。磨削后应进行静平衡试验,其不平衡量应不大于 500 g·mm。

4.3.2.2 更换离合器从动盘新摩擦片时,应铆接牢固并紧密配合,不应有翘曲或裂纹。允许铆接不密合处不超过两处,但两处不得在 90°范围内,且每处弧长不大于 15 mm,不密合处的缝隙不超过 0.25 mm。铆合后外边缘对盘毂轴心线的端面跳动应不大于 0.5 mm。

4.3.2.3 修理或更换离合器从动盘总成时,其修理技术参数应符合原厂规定。以××-200 型轮式拖拉机离合器从动盘总成为例,其修理技术参数要求见表 1。

表 1 ××-200 型轮式拖拉机离合器从动盘总成的修理技术参数要求　　　单位:mm

机型	摩擦片规格 (外径×内径×厚度)	铆钉规格 (直径×长度)	总成厚度			铆钉沉入量			两摩擦面 平面度公差
			标准值	修理验收值	极限值	标准值	修理验收值	极限值	
××-200	166×80×4	4×8	10±0.25	9.0	8.0	1.0	0.5~1.2	0.2	0.4

4.3.2.4 修理或更换离合器压紧弹簧时,其修理技术参数应符合原厂规定。装配时应选配同组压紧弹簧,每只弹簧在相同工作高度下相互压力差不得超过 5%。以××-200 型轮式拖拉机离合器压紧弹簧为例,其修理技术参数要求见表 2。

表 2 ××-200 型轮式拖拉机离合器压紧弹簧的修理技术参数要求

机型	自由长度 mm	压缩长度 mm	压力,N			钢丝直径 mm	弹簧外径 mm	总圈数	工作圈数
			标准值	修理验收值	极限值				
××-200	40±1	27.7	570~670	540~700	440	ϕ3.6	ϕ21.7±0.3	7	5

4.3.2.5 离合器分离杠杆端面磨损超过 1 mm 时,应予修理或更换。更换分离杠杆时应成组更换,同组内分离杠杆相互质量差不得超过 3 g。

4.3.2.6 离合器总成装配时应检查从动盘、主动盘、压盘等零件表面,不允许有油污。

4.3.2.7 离合器总成装配后,3 个分离杠杆顶端应在平行于压盘工作平面的同一平面内,其相互差不大于 0.25 mm。分离杠杆端部与分离轴承间隙应符合原设计规定,一般为 2.0 mm~3.5 mm。

4.3.2.8 离合器踏板应防滑,离合器踏板自由行程应符合产品使用说明书要求。在行驶试验中离合器应分离彻底、结合平稳,无打滑、抖动现象。

4.3.3 变速箱

4.3.3.1 变速箱壳体出现破裂和漏损或壳体上各轴承孔轴线间尺寸偏差绝对值超过标准值 0.02 mm时,需修理或更换。

4.3.3.2 变速箱齿轮齿面磨损严重或损坏齿数超过总齿数的 1/10 时,应修理或更换。修理或更换的变速箱齿轮齿面应光洁,不得有毛刺。

4.3.3.3 变速箱内各传动轴花键与滑动齿轮键槽的侧隙超过标准值 0.15 mm 时,应予修理或更换。

4.3.3.4 修后变速箱滑动齿轮副在工作挡位时,沿齿长应全部良好啮合,其不啮合长度应不大于1.5 mm;在空挡时,各齿轮副的端面间隙不大于 1.5 mm。

4.3.3.5 变速箱壳体上滚动轴承内外圈表面应光洁,无损伤和锈蚀。滚道和滚动体不应有烧损和剥落。保持架不得有变形和铆钉松动现象。用手转动轴承时应灵活轻快,不发涩,且不能有过大振动和噪声。

4.3.3.6 变速拨叉应无裂纹、无缺口和无显著变形。变速拨叉端面磨损量大于 0.4 mm 时,应予修理或更换。

4.3.3.7 变速杆球状支承表面应光洁圆滑,并能在座中灵活摆动,变速杆导板上的滑槽磨损后应恢复其标准形状;变速时,变速杆不得与滑槽相碰。

4.3.3.8 修理后变速箱总成应进行磨合试运转。运转中不应有自动脱挡和跳挡现象,操纵换挡机构应轻便、灵活、可靠,运转和换挡时均不得有异常响声,变速杆不应有明显的抖动现象。变速箱所有的密封装置不应有漏油现象。

4.3.4 后桥

4.3.4.1 后桥壳体、半轴应无裂纹或其他损伤。半轴花键应无扭曲。

4.3.4.2 差速器壳体应无裂损,壳体与差速齿轮、半轴齿轮垫片的接触面应光滑、无沟槽。

4.3.4.3 差速齿轮轴与轴承孔的配合间隙超过 0.06 mm 时,应予修理或更换。

4.3.4.4 半轴齿轮和差速齿轮的齿侧间隙超过 0.3 mm 时,应予调整或修理。调整或修理后的齿侧间隙应符合原厂规定,且齿轮啮合印痕在齿高和齿宽方向上都应不小于 50%。

4.3.4.5 安装差速锁的拖拉机,差速锁应工作灵活、可靠。

4.4 转向系要求

4.4.1 转向盘应转动灵活,操纵方便,无阻滞现象;其最大自由转动量应不大于 30°。

4.4.2 转向摇臂、转向纵横拉杆、转向节臂、球头销等不得有裂纹。修理时,转向节臂、转向纵横拉杆不得拼焊。

4.4.3 转向摇臂的花键应无扭曲。转向摇臂装入摇臂轴后,其端面应高出摇臂轴花键端面 2 mm~5 mm。

4.4.4 转向垂臂、转向节臂及其间的纵、横拉杆连接可靠不变形,球头间隙及前轮轴承间隙适当,不应有松旷现象。

4.4.5 转向系转向应轻便灵活,转向轮在转向后应能自动回正,在平坦、干硬的道路上不应有摆动、抖动、跑偏及其他异常现象。

4.4.6 机械式转向器的转向盘在转向时的操纵力应不大于 250 N。

4.5 制动系要求

4.5.1 制动鼓不应有裂纹和变形。扩孔后的制动鼓,其内径应不大于公称尺寸 3 mm,圆柱度应不大于 0.10 mm,对轴心线的径向跳动应不大于 0.15 mm。同一轴左右制动鼓内径相差应不大于 1 mm。

4.5.2 制动蹄不应有裂纹和变形,弧度应正确。制动蹄与制动摩擦片应铆接牢固、贴合紧密,铆钉周围不得有破损和裂纹现象。

4.5.3 制动蹄与制动凸轮的接触面磨损量大于 0.30 mm 时,应修理恢复至原设计公称尺寸。

4.5.4 制动摩擦片磨损后与制动鼓的接触面积应在制动状态时不小于总面积的 80%,且保证两端首先接触制动鼓,否则应予更换或修理。

4.5.5 更换制动摩擦片时,摩擦片的规格和铆钉沉入量的修理技术参数应符合原厂规定。以××-200型轮式拖拉机制动摩擦片为例,其修理技术参数要求见表 3。

表 3 ××-200 型轮式拖拉机制动摩擦片、铆钉规格和铆钉沉入量修理技术参数要求

单位:mm

机 型	摩擦片规格 (长×宽×厚)	铆钉规格 (直径×长度)	铆钉沉入量		
			标准值	修理验收值	极限值
××-200	280×50×5	$\phi 5×10$	1.0	0.8~1.2	0.3

4.5.6 调整制动间隙时,应使左、右制动器的制动间隙一致;摩擦片与制动鼓在非制动状态时,其间隙应为 0.2 mm~0.4 mm;同一制动鼓内的两制动蹄摩擦片相对应的间隙差应不大于 0.10 mm。

4.5.7 制动蹄回位弹簧不得有裂纹,其修理技术参数要求应符合原设计规定。以××-200型轮式拖拉机制动蹄回位弹簧为例,其修理技术参数要求见表4。

表4 ××-200型轮式拖拉机制动蹄回位弹簧的修理技术参数要求

机 型	自由长度,mm	拉力(拉伸到×××mm时),N
××-200	124	133.3±17.5(拉伸到132 mm时)

4.5.8 装配后的制动器内部不允许有油污,制动鼓应能转动自如,无卡滞现象和明显的摩擦声响。

4.5.9 制动踏板应防滑,制动拉杆在修理时不得拼焊。制动系统的各操纵部件应灵活有效。制动时踏板力应不大于600 N。

4.5.10 制动踏板自由行程应符合产品说明书要求。制动踏板在产生最大制动作用后,应留有不少于1/5总行程量的储备行程。制动应平稳、灵敏、可靠。松开制动踏板时,制动器应分离彻底、复位有效。

4.6 车架及行走系要求

4.6.1 车架、发动机支架等不应有裂纹、变形和严重锈蚀,焊合部位不应有脱焊现象。

4.6.2 前桥各零部件不应有影响安全的变形和裂纹,焊接部位不应有脱焊现象。各零部件总成的相对位置应符合前轮定位要求,前轮定位参数应符合原设计规定。无原设计规定时,可参照:转向轮的前束调至6 mm～12 mm,前轮外倾角2°±30′,主销后倾角3°±15′,主销内倾角7°±15′。

4.6.3 轮毂、轮辋、幅板、锁圈不应有裂纹、脱焊及影响安全的变形。

4.6.4 拖拉机轮胎达不到下列要求时,需更换新轮胎。
 a) 转向轮轮胎胎纹深度不应小于3.2 mm,驱动轮轮胎胎纹深度不应小于1.6 mm(使用水田轮胎时除外);
 b) 轮胎胎面不应因局部磨损而暴露出轮胎帘布层;
 c) 轮胎的胎面和胎臂上不得有长度超过25 mm或深度足以暴露出轮胎帘布层的破裂和割伤。

4.6.5 更换新轮胎时,驱动轮胎胎纹方向不应装反(沙漠中除外),同一轴上的左右轮胎型号和胎纹应相同,磨损程度应大至相同。

4.6.6 装有钢板弹簧的拖拉机,钢板弹簧不得有裂纹和断片,否则应修理或更换。修理钢板弹簧的U形螺栓和卡箍时,不得拼焊。

4.7 液压悬挂系要求

4.7.1 液压系统操纵手柄应定位准确,轻便灵活,操纵手柄操纵力应不大于70 N。

4.7.2 液压提升油缸与活塞的间隙尺寸达不到密封要求时,应予修理或更换。间隙的标准值为0.01 mm～0.05 mm,修理验收值为0.08 mm,极限值为0.12 mm。

4.7.3 液压提升器操纵阀阀体与阀座之间的间隙尺寸达不到密封要求时,应予修理或更换;间隙的修理验收值为0.02 mm。

4.7.4 液压泵修理后应无渗油、漏油现象。

4.7.5 液压悬挂系各杆件不应有裂纹,损坏和影响安全的变形;限位链及各插锁、锁销应齐全完好。

4.7.6 液压悬挂机构升降应平稳、无抖动,工作可靠。液压系统在工作压力下,各部接头、接缝处不应漏油、渗油。

4.8 电器系统要求

4.8.1 蓄电池壳体应无裂纹或渗漏,极板与电桩、电桩与联接板应焊接牢固,螺塞及螺孔的螺纹应完好,通气孔畅通,各部密封良好。

4.8.2 交流发电机与调节器应配套使用,负极搭铁与蓄电池并联且连线极性应一致。

4.8.3 交流发电机修理后,应进行负载运转试验,其工作性能应达到:电压为12 V(硅整流发电机为14

V)时,额定功率应达到相应的规定值。

4.8.4 起动电机应连接牢固,导线应接触良好(电线接头消除积污后,可涂以稍许黄油防锈),起动电机齿轮端面与发动机飞轮齿圈端面的距离应保持在 2.5 mm～5.0 mm。

4.8.5 起动电机应能正常传递扭矩,起动电机齿轮与发动机飞轮齿圈的啮合与分离应正常、有效、可靠。

4.8.6 喇叭音响应清脆宏亮,且有连续发声功能。

4.8.7 各电气元件应完好,电气线路连接应正确有序,接头牢固,绝缘良好。导线应捆扎成束、布置整齐、固定卡紧,穿越孔洞时应设绝缘套管。拖拉机电器线路的布置应避免摩擦和接触发热部件。

4.8.8 各仪表及相应的传感器应安装牢固、指示准确、工作可靠。

4.8.9 照明、信号装置应安装牢靠,完好有效,不应因机体振动而松脱、损坏、失去作用或改变光照方向。

4.9 拖拉机整机

4.9.1 修理后的拖拉机应进行空载试运转,各机构应工作正常、无异响,温升正常。拖拉机轮胎气压应符合原厂规定。修理后各机构应无妨碍操作或影响安全的改装。

4.9.2 拖拉机外观应整洁,各零部件、仪表、铅封及附件齐备完好;各紧固件应连接牢固,无松动;各联接结合面和联接接头等应密封或绝缘良好,无漏油、漏水、漏气和漏电等现象。

4.9.3 各调节装置应调整方便、调节范围达到规定要求。各操纵机构应轻便灵活、工作可靠。离合器、制动器和油门的踏板在操纵力去除后应能自动复位。

4.9.4 照明、信号装置及其他电气设备应符合 GB 16151.1—2008 中 10 的规定。

4.9.5 拖拉机驻车制动应符合 GB 18447.4—2008 中 4.3.1 的规定。

4.9.6 拖拉机行车制动性能应符合 GB 18447.4—2008 中 4.3.2 的规定。

4.9.7 拖拉机液压悬挂的最大提升力(加载点在悬挂轴后 610 mm 处)每千瓦牵引功率应不小于 270 N。在提升框架上加有最大提升力的负荷、油温在(60±5)℃的情况下,提升时间不大于 3 s,30 min 静沉降应不大于提升行程的 4%。

4.9.8 拖拉机动态环境噪声应不大于 86 dB(A),驾驶员操作位置处噪声应不大于 95 dB(A)。

4.9.9 凡可能引起人身安全伤害的运动件或高温部位,其防护板、罩、套等防护装置或安全警告标志不应拆卸和改换位置。防护装置应符合 GB 10395.1 和 GB 23821 的规定。更换带有安全标志的零部件时,应同时更换新的标志,标志的型式和颜色等应符合 GB 10396 的规定。

5 检验方法

5.1 拖拉机的液压提升性能检验按 GB/T 3871.4 的规定执行。

5.2 拖拉机的行车制动检验按 GB/T 3871.6 的规定执行。

5.3 拖拉机的噪声检验按 GB/T 3871.8 的规定执行。

5.4 拖拉机发动机的排气烟度检验按 GB 9486 的规定执行。

5.5 其他性能指标的检验按常规的检验方法进行。

6 验收与交付

6.1 整机或零部件修理后,其性能和技术参数达到本标准的规定为修理合格。

6.2 整机或部件修理后,应经维修检验技术人员检验或确认合格后,签发合格证明。

6.3 送修单位(或个人)有权查看维修工艺过程卡,对维修项目可以进行抽检或全检。对认为不符合本标准要求的维修项目,可要求重新检验或返工处理。

6.4 修理合格的拖拉机在办理交接手续时,承修单位应随机交付修理合格证明、保修单和维修记录单等资料。资料中一般应包含修理拖拉机的型号、名称、修理内容、数量、价格和修理时间等信息,并有送修和承修人签字等。

6.5 对交付后的拖拉机,应按《农业机械维修合同》保修期执行保修。

───────────

ICS 65.060.10
T 61

中华人民共和国农业行业标准

NY/T 1929—2010

轮式拖拉机静侧翻稳定性试验方法

Test methods of static lateral stability for wheeled tractors

2010-07-08 发布

2010-09-01 实施

中华人民共和国农业部 发布

前　言

本标准遵照 GB/T 1.1—2009 给出的规则起草。

本标准由农业部农业机械化管理司提出。

本标准由全国农业机械标准化技术委员会农业机械化分技术委员会(SAC/TC201/SC2)归口。

本标准起草单位:农业部农业机械试验鉴定总站、黑龙江省农业机械试验鉴定站、江苏省农业机械试验鉴定站、中国一拖集团有限公司、国家工程机械质量监督检验中心、常州常发农业装备有限公司。

本标准主要起草人:徐志坚、李英杰、郭雪峰、孔华祥、张素洁、田志成、廖汉平。

轮式拖拉机静侧翻稳定性试验方法

1 范围

本标准规定了轮式拖拉机静侧翻稳定性台架试验术语和定义、试验条件、试验方法和数据处理。

本标准适用于轮式拖拉机（以下简称拖拉机）。其他轮式机械亦可参照执行。

2 规范性引用文件

下列文件对于本文件的应用是必不可少的。凡是注日期的引用文件，仅注日期的版本适用于本文件。凡是不注日期的引用文件，其最新版本（包括所有的修改单）适用于本文件。

GB/T 1184 形状与位置公差 通则、定义、符号和图样示法

GB/T 1804 一般公差 未注公差的线性和角度尺寸的公差

3 术语和定义

下列术语和定义适用于本文件。

3.1
静侧翻稳定性 static lateral stability
拖拉机在静态条件下受到侧向力时其本身所固有的抗侧翻能力。

3.2
侧翻角 lateral inclination
拖拉机车轮支承平面与水平面的夹角。

3.3
侧翻稳定角 stable lateral inclination
在侧翻试验台上，倾斜拖拉机，拖拉机一侧车轮中任一车轮的支承平面法向反力至零以前或离开支撑面前的侧翻角。

3.4
最大侧翻稳定角 max. stable lateral inclination
在侧翻试验台上，倾斜拖拉机，拖拉机一侧车轮支承平面法向反力至零时或离开支撑面时的侧翻角。

4 试验条件

4.1 测量要求和设备
4.1.1 测量单位和允许误差
a) 力：牛顿(N)；±0.5%；
b) 角度：角度(°)；±0.1°；
c) 气压：千帕(kPa)；±5%。

4.1.2 侧翻试验台
4.1.2.1 试验台面的倾斜角度应能满足拖拉机静侧翻稳定性试验要求，且应能在零度到最大侧翻角之间连续调节，并能在任意角度固定。

4.1.2.2 试验台运转应平稳，上升速度应不大于 $10°/min$，下降速度应不大于 $30°/min$。

223

4.1.2.3 试验台台面平面度应不低于 GB/T 1184 中规定的 L 级,试验台面与转动中心线的平行度不低于 GB/T 1804—2000 中表 1 的公差等级"中等 m"的要求。

4.1.2.4 应在试验台上被测拖拉机可能侧翻的一侧安装防侧滑挡块,挡块高度应不大于 30 mm。

4.1.2.5 应有专用的防侧翻安全设备,安全设备对拖拉机的约束力在侧翻临界状态前均应为零。

4.1.2.6 应在试验台上安装防止拖拉机纵向移动的楔形块,楔形块加在侧翻时不离开支撑面一侧车轮的前、后。

4.2 拖拉机技术状况

4.2.1 拖拉机的配置应符合使用说明书规定的最小使用质量(不带驾驶员),最小轮距,最大轮胎,并按出厂技术要求装备齐全。

4.2.2 轮胎气压应为拖拉机使用说明书规定值的最大值,误差不超过±5 kPa。

4.2.3 弹性悬架轮式拖拉机进行试验时,应防止悬架脱开。

4.3 环境条件

试验时,风速不大于 1.5 m/s。

5 试验方法

5.1 将拖拉机置于试验台上,车轮处于直线行驶状态,拖拉机的纵向对称平面与试验台面转动中心线平行。

5.2 拖拉机实施停车制动,安装防侧滑挡块、楔形块、防侧翻安全设备及防悬架脱开装置。

5.3 启动试验台,使拖拉机慢慢倾斜,直至任一车轮的支撑平面法向反力为零时;继续上升试验台,直至单侧支承平面法向反力为零时。

5.4 启动试验台,使台面倾斜角恢复原位。

5.5 每侧各试验三次,三次测量中最大值与最小值之差除以最小值,所得数值若超过 3% 应重新试验。

6 数据处理

    a) 比较单侧三次测量结果,最小值为单侧的侧翻稳定角和最大侧翻稳定角;

    b) 比较左、右的最大侧翻稳定角,最小值为拖拉机侧翻稳定角和最大侧翻稳定角。

ICS 65.060.99
B 93

中华人民共和国农业行业标准

NY/T 1930—2010

秸秆颗粒饲料压制机质量评价技术规范

Technical specification of quality evaluation for straw pellets to suppress machinery

2010-07-08 发布

2010-09-01 实施

中华人民共和国农业部 发布

前　　言

本标准遵照 GB/T 1.1—2009 给出的规则起草。

本标准由农业部农业机械化管理司提出。

本标准由全国农业机械标准化技术委员会农机化分技术委员会(SAC/TC201/SC2)归口。

本标准起草单位:农业部农产品加工机械设备质量监督检验测试中心(沈阳)。

本标准主要起草人:白阳、吴义龙、何青田、赵留学、丁宁、刘义、孙本珠。

秸秆颗粒饲料压制机质量评价技术规范

1 范围

本标准规定了秸秆颗粒饲料压制机产品质量评价指标、检验方法和检验规则。

本标准适用于环模式秸秆颗粒饲料压制机(以下简称颗粒机)产品质量评价。

2 规范性引用文件

下列文件对于本文件的应用是必不可少的。凡是注日期的引用文件,仅注日期的版本适用于本文件。凡是不注日期的引用文件,其最新版本(包括所有的修改单)适用于本文件。

GB/T 230.1 金属材料 洛氏硬度试验 第1部分:试验方法(A、B、C、D、E、F、H、K、N、T标尺)

GB/T 2828.11—2008 计数抽样检验程序 第11部分:小总体声称质量水平的评定程序

GB/T 3768 声学 声压法测定噪声源声功率级 反射面上方采用包络测量表面的简易法

GB/T 5667 农业机械生产试验方法

GB/T 6003.1 金属丝编织网试验筛

GB/T 9480 农林拖拉机和机械、草坪和园艺动力机械 使用说明书编写规则

GB 10396 农林拖拉机和机械、草坪和园艺动力机械 安全标志和危险图形 总则

GB/T 13306—1991 标牌

GB 23821 机械安全 防止上下肢触及危险区的安全距离

JB/T 5169—1991 颗粒饲料压制机 试验方法

JB/T 9832.2 农林拖拉机及机具 漆膜附着性能测定方法 压切法

3 基本要求

3.1 质量评价所需的文件资料

对颗粒机进行质量评价所需要提供的文件资料应包括:

a) 产品规格确认表(附录A),并加盖企业公章;

b) 企业产品执行标准或产品制造验收技术条件;

c) 产品使用说明书;

d) 三包凭证;

e) 样机照片(应能充分反映样机特征)。

3.2 主要技术参数核对与测量

依据产品使用说明书、铭牌和其他技术文件,对样机的主要技术参数按表1进行核对或测量。

表1 核测项目与方法

序 号	项 目	方 法
1	规格型号名称	核对
2	配套动力	核对
3	压模转速	测量
4	整机质量	测量
5	外形尺寸(长×宽×高)	测量
6	压模尺寸(内径×宽度)	测量
7	压辊尺寸(外径×宽度)	测量

3.3 试验条件

3.3.1 试验场地、样机安装、工具和器具应满足各项指标的测定要求。

3.3.2 试验样机应按使用说明书要求进行调整和维护保养。

3.3.3 试验动力一律采用电动机。试验电压应符合电机额定电压,偏差不超过±5%。主电机工作电流应达到其额定电流,偏差不超过±10%。

3.3.4 试验**环境温度**应为 5℃～40℃。

3.3.5 试验用**仪器设备**应检定或校准合格,在有效期内。

3.3.6 **试验物料**为经过粉碎处理的农作物秸秆粉。秸秆粉应能全部通过 GB/T 6003.1 规定的网孔尺寸为 8 mm 的金属丝编织网试验筛,且在 GB/T 6003.1 规定的网孔尺寸为 4 mm 的金属丝编织网试验筛上留存不超过 20%。秸秆粉的水分应为 14%～20%。

3.4 主要仪器设备

仪器设备的量程、测量准确度及被测参数准确度要求应满足表 2 的规定。

表 2　主要试验用仪器设备测量范围和准确度要求

测量参数名称		测量范围	准确度要求
耗电量		0 kW·h～500 kW·h	1.0 级
质量	成品颗粒饲料质量	0 kg～100 kg	±50 g
	其他样品质量	0 g～2 000 g	±0.01 g
时间		0 h～24 h	±0.5 s/d
噪声		30 dB(A)～130 dB(A)	2 型
电阻		0 MΩ～50 MΩ	2.5 级
温度		0℃～150℃	±1%
粉尘浓度		0 mg/m³～30 mg/m³	±10%
硬度		20 HRC～70 HRC	±1.5 HRC

4 质量要求

4.1 性能及颗粒饲料质量要求

颗粒机性能及颗粒饲料质量应符合表 3 的规定。

表 3　性能及颗粒饲料质量指标

序号	项目		质量指标	
			压模孔径 6 mm	压模孔径 8 mm
1	生产率,kg/h		不低于设计要求	
2	吨料电耗,kW·h/t		≤70	≤60
3	噪声,dB(A)		主电机功率不大于 55 kW 时:　≤90 主电机功率大于 55 kW 时:　≤110	
4	粉尘浓度,mg/m³		≤10	
5	颗粒饲料成型率,%		≥95	
6	制粒工作部件温度,℃		≤100	
7	颗粒饲料质量	成品颗粒密度,kg/m³	900～1 500	
8		成品颗粒水分,%	9～14	
9		成品颗粒坚实度,%	≥90	

4.2 安全要求

4.2.1 联轴器等外露运动件应有安全防护装置。防护装置应有足够强度、刚度,在正常使用中不应产生裂缝、撕裂或永久变形。防护装置的安全距离应符合 GB 23821 的规定。

4.2.2 防护装置、门罩等可能影响人身安全的部位应有符合 GB 10396 规定的安全标志。

4.2.3 颗粒机机体应有醒目的接地标志。

4.2.4 颗粒机应配备过载保护装置。

4.2.5 在常态下,各电动机电接线端子与颗粒机机体间的绝缘电阻应不小于 20 MΩ。

4.3 使用有效度

颗粒机的使用有效度应不低于 95%。

4.4 主要零件工作表面硬度

4.4.1 压模工作表面硬度为 52 HRC～63 HRC。

4.4.2 压辊工作表面硬度为 52 HRC～63 HRC。

4.5 压模与压辊间隙调整范围

压模与压辊之间的间隙应能调整,其调整范围应不小于 4.5 mm。

4.6 装配质量

4.6.1 各紧固件、联接件应牢固可靠、不松动。

4.6.2 各运转件应转动灵活、平稳,不应有异常震动、异常声响及卡滞现象。

4.6.3 密封部位应密封可靠,不应有漏粉现象。

4.7 外观质量

整机表面应平整光滑,不应有碰伤划伤痕迹及制造缺陷。油漆表面应色泽均匀,不应有露底、起泡、起皱、流挂现象。

4.8 漆膜附着力

漆膜附着力应符合 JB/T 9832.2—1999 中表 1 规定的Ⅱ级或Ⅱ级以上要求。

4.9 操作方便性

4.9.1 各润滑油注入点应设计合理,保证保养时不受其他部件和设备的阻碍。

4.9.2 各设备的布置应合理,保证维护和维修时操作人员有足够的活动空间。

4.9.3 更换压模、压辊等易损件时,借助扳手、钳子等普通工具,应在 20 min 内顺利更换完毕。

4.9.4 原料的添加以及成品收集应便于操作,不受阻碍。

4.10 标牌

颗粒机应在明显部位固定有永久性产品标牌。标牌应符合 GB/T 13306—1991 第 3 章和第 5 章的规定,内容应包括产品型号、产品名称、配套动力、压模转速、制造单位、生产日期或出厂编号。

4.11 使用说明书

4.11.1 使用说明书的编制应符合 GB/T 9480 的规定。

4.11.2 使用说明书应包括以下内容:

　　a) 产品特点及主要用途;

　　b) 安全注意事项;

　　c) 产品执行标准及主要技术参数;

　　d) 结构特征及工作原理;

　　e) 安装、调整和使用方法;

　　f) 维护和保养说明;

g) 常见故障及原因、排除方法。

4.12 三包凭证

颗粒机应有三包凭证,三包凭证应包括以下内容:

a) 产品品牌(如有)、型号规格、购买日期、产品编号;

b) 生产者名称、联系地址、电话;

c) 已经指定销售者和修理者的,应有销售者和修理者的名称、联系地址、电话、三包项目;

d) 整机三包有效期(不低于 1 年);

e) 主要零部件名称和质量保证期(不低于 1 年);

f) 易损件及其他零部件质量保证期;

g) 销售记录(包括销售者、销售地点、销售日期、购机发票号码);

h) 修理记录(包括送修时间、交货时间、送修故障、修理情况、换退货证明);

i) 不承担三包责任的情况说明。

5 检验方法

5.1 性能试验

5.1.1 试验要求

5.1.1.1 样机进行不少于 10 min 的**空运转**,检查各运转件是否工作正常、平稳。

5.1.1.2 空运转结束后,开始添加试验物料,并按规定调整至正常工作状态。在保持样机正常工作状态不变的情况下工作 10 min 后,开始各项指标测定和成品颗粒取样。

5.1.2 生产率测定

在颗粒机出口处,每隔 10 min 接取一次成品颗粒,接取时间不少于 1 min,共接取 3 次,分别称量每次接取的成品颗粒质量。按式(1)计算生产率,取三次平均值,结果保留 1 位小数。

$$E = \frac{60 \times M}{T_c} \times \frac{1-h}{1-0.14} \quad \cdots\cdots\cdots\cdots\cdots\cdots\cdots\cdots\cdots\cdots\cdots\cdots (1)$$

式中:

E——生产率,单位为千克每小时(kg/h);

M——接取成品颗粒质量,单位为千克(kg);

h——成品颗粒水分,单位为百分率(%);

T_c——接取时间,单位为分钟(min)。

5.1.3 吨料电耗测定

测定时间应不少于 30 min,同时累计耗电量和测试时间。按式(2)计算吨料电耗,结果保留 1 位小数。

$$Q = 60\,000 \times \frac{N}{T \times E} \quad \cdots\cdots\cdots\cdots\cdots\cdots\cdots\cdots\cdots\cdots\cdots\cdots (2)$$

式中:

Q——吨料电耗,单位为千瓦小时每吨(kW·h/t);

N——耗电量,单位为千瓦小时(kW·h);

T——测试时间,单位为分钟(min)。

5.1.4 颗粒饲料成型率测定

分别在生产率测定时每次接取的成品颗粒中称取不少于 200 g 样品,再分别用符合 GB/T 6003.1 规定的金属丝编织网试验筛筛选出成型颗粒,并称其质量,按式(3)计算颗粒饲料成型率,取三个样品平均值,结果保留 1 位小数。当颗粒机压模孔径为 6 mm 时,用网孔尺寸为 4.75 mm 的试验筛筛选;当颗粒机压模孔径为 8 mm 时,用网孔尺寸为 6.3 mm 的试验筛筛选。筛选时,以每分钟 110 次～120 次的速度,按顺时针方向和逆时针方向各筛动 30 s,筛动范围比试验筛筛框直径扩大 50 mm～100 mm。

$$C = \frac{P_1}{P} \times 100 \cdots\cdots\cdots\cdots\cdots\cdots\cdots\cdots\cdots (3)$$

式中:

C——颗粒饲料成型率,单位为百分率(%);

P_1——成型颗粒质量,单位为克(g);

P——样品质量,单位为克(g)。

5.1.5 粉尘浓度测定

按 JB/T 5169—1991 中 3.5.12 规定进行测定和计算;或采用粉尘浓度速测仪在 JB/T 5169—1991 中 3.5.12 规定的测点进行测定,每点至少测量三次,取平均值。以各测点中测得的最大值作为样机的粉尘浓度,结果保留 1 位小数。

5.1.6 噪声测定

GB/T 3768 规定测量表面平均 A 计权声压级。测量表面为距机器表面 1 m 的平行六面体,测点为机器前、后、左、右四点。每点测量三次,以各测点三次测量平均值计算其平均声压级。

5.1.7 颗粒饲料质量测定

5.1.7.1 取样

在生产率测定时,每次接取成品颗粒之后,再接取成品颗粒样品一次,时间间隔为 10 min,每次接取样品不少于 150 g。样品用于成品颗粒密度、成品颗粒水分、成品颗粒坚实度测定。

5.1.7.2 成品颗粒密度

按 JB/T 5169—1991 中 3.5.3.4 规定分别测定和计算三个样品的成品颗粒密度,取平均值,结果保留 1 位小数。

5.1.7.3 成品颗粒水分

从每份成品颗粒样品中各称取 10 g 左右试样,分别放入恒重的铝盒中,置于温度调至 105℃±2℃的恒温干燥箱中烘 3 h 后取出,放入干燥器内冷却至常温后称其质量。然后,再按上述方法重复烘干,每烘 30 min 取出冷却称量一次质量,直至前后两次质量差不超过 0.05 g 为止。如后一次质量高于前次质量,取前一次质量值。按式(4)计算成品颗粒水分,取三个样品水分平均值,结果保留 1 位小数。

$$h = \frac{m_1 - m_2}{m_1} \times 100 \cdots\cdots\cdots\cdots\cdots\cdots\cdots\cdots (4)$$

式中:

m_1——烘前试样质量,单位为克(g);

m_2——烘后试样质量,单位为克(g)。

5.1.7.4 成品颗粒坚实度

按 JB/T 5169—1991 中 3.5.3.6 规定分别测定和计算三个样品的成品颗粒坚实度,取平均值,结果保留 1 位小数。

5.1.8 制粒工作部件温度

颗粒机工作 1 h 后停机,立即测量压模内壁温度。

5.2 安全要求

5.2.1 采用目测法,按 4.2.1～4.2.4 要求进行检查。

5.2.2 用绝缘电阻测量仪施加 500 V 电压,测量电动机接线端子与颗粒机机体间的绝缘电阻值。

5.3 使用有效度测定

按 GB/T 5667 规定进行使用有效度考核。每台样机考核时间应不少于 100 h。使用有效度按式(5)计算。

$$K = \frac{\sum T_z}{\sum T_g + \sum T_z} \times 100 \quad\cdots\cdots\cdots\cdots\cdots\cdots\cdots\cdots\cdots\cdots\cdots\cdots\cdots \quad (5)$$

式中：

K——使用有效度，单位为百分率（%）；

T_z——生产考核期间的班次作业时间，单位为小时（h）；

T_g——生产考核期间每班次故障时间，单位为小时（h）。

5.4 主要零件工作表面硬度

压模和压辊工作表面硬度按 GB/T 230.1 规定进行测量。对于尺寸较大且质量大于 5 kg 的压模或压辊，可以采用便携式硬度计测量。测量点数为 5 点，第一点不计，其余各点应分别在压模或压辊的四条互成 90°的母线上。

5.5 压模与压辊间隙调整范围

分别测量压模与压辊之间的最小间隙和最大间隙，计算差值。

5.6 装配质量

在试验过程中，观察是否符合 4.6 的要求。

5.7 外观质量

采用目测法检查外观质量是否符合 4.7 的要求。

5.8 漆膜附着力

在样机表面任选三处，按 JB/T 9832.2 规定的方法进行检查。

5.9 操作方便性

通过实际操作，观察样机是否符合 4.9 的要求。

5.10 标牌

查看产品标牌是否符合 4.10 的要求。

5.11 使用说明书

审查使用说明书是否符合 4.11 的要求。

5.12 三包凭证

审查使用三包凭证是否符合 4.12 的要求。

6 检验规则

6.1 不合格项目分类

检验项目按其对产品质量影响的程度分为 A、B、C 三类，不合格项目分类见表 4。

表 4 检验项目及不合格分类表

项目分类	序号	项目名称	对应条款
A	1	安全要求	4.2
	2	颗粒饲料成型率	4.1
	3	噪声	4.1
	4	吨料电耗	4.1
	5	粉尘浓度	4.1
	6	使用有效度[a]	4.3

表4（续）

项目分类	序号	项目名称	对应条款
B	1	生产率	4.1
	2	使用说明书	4.11
	3	压模工作表面硬度	4.4.1
	4	压辊工作表面硬度	4.4.2
	5	成品颗粒坚实度	4.1
	6	制粒工作部件温度	4.1
	7	三包凭证	4.12
C	1	成品颗粒密度	4.1
	2	成品颗粒水分	4.1
	3	压模与压辊间隙调整范围	4.5
	4	装配质量	4.6
	5	外观质量	4.7
	6	漆膜附着力	4.8
	7	操作方便性	4.9
	8	标牌	4.10

a 在监督性检查中,可不考核使用有效度指标。

6.2 抽样方案

抽样方案按 GB/T 2828.11—2008 中表 B.1 制定,见表5。

表5 抽样方案

检验水平	O
声称质量水平(DQL)	1
核查总体(N)	10
样本量(n)	1
不合格品限定数(L)	0

6.3 抽样方法

根据抽样方案确定,抽样基数为10台,被检样品为1台。样品在制造单位生产的合格产品中或销售部门待销售的产品中或产品的用户中随机抽取。被抽样品应是近一年生产的产品。

6.4 判定规则

6.4.1 样品合格判定

对样品的 A、B、C 各类检验项目进行逐一检验和判定,当 A 类不合格项目数为0(即 A＝0)、B 类不合格项目数不超过1(即 B≤1)、C 类不合格项目数不超过2(即 C≤2)时,判定样品为合格产品;否则,判定样品为不合格品。

6.4.2 综合判定

若样品为合格品(即样品的不合格品数不大于不合格品限定数),则判该核查通过;若样品为不合格品(即样品的不合格品数大于不合格品限定数),则判核查总体不合格。

附 录 A
（规范性附录）
产品规格确认表

序号	项　目	单位	规　格
1	规格型号名称	/	
2	配套动力	kW	
3	压模转速	r/min	
4	整机质量	kg	
5	外型尺寸(长×宽×高)	mm	
6	压模尺寸(内径×宽度)	mm	
7	压辊尺寸(外径×宽度)	mm	

ICS 65.060.01
B 90

中华人民共和国农业行业标准

NY/T 1931—2010

农业机械先进性评价 一般方法

General methods of advance evaluation for agricultural machinery

2010-07-08 发布

2010-09-01 实施

中华人民共和国农业部 发布

前　言

本标准遵照 GB/T 1.1—2009 给出的规则起草。

本标准由农业部农业机械化管理司提出。

本标准由全国农业机械标准化技术委员会农业机械化分技术委员会(SAC/TC 201/SC2)归口。

本标准起草单位:江苏省农业机械试验鉴定站、南京农业大学。

本标准主要起草人:蔡国芳、王家顺、刘炬、何瑞银、戚锁红、李建国。

农业机械先进性评价　一般方法

1　范围

本标准规定了农业机械先进性评价的术语和定义、内容和方法。

本标准适用于农业机械产品的先进性评价。

2　术语和定义

下列术语和定义适用于本文件。

2.1

农业机械先进性　advance of agricultural machinery

指该农业机械与同类产品相比,在技术性、功能性、经济性、环保性和人机关系等方面的优化程度。

2.2

农业机械可回收性　recyclability of agricultural machinery

指农业机械产品报废时其零部件及材料的回收可能性、回收价值大小、回收处理难度以及回收过程中对环境的污染程度。

2.3

人机关系　human-machine relationship

指农业机械对操作人员及周围人员和环境的安全程度以及操作人员在使用和保养农业机械过程中的方便和舒适程度。

3　评价内容

3.1　评价指标

3.1.1　技术性

    a)　新原理新结构;

    b)　新材料应用;

    c)　数字化、智能化和自动化程度;

    d)　标准化程度。

3.1.2　功能性

    a)　作业质量;

    b)　作业状态监控;

    c)　复式作业或多功能性;

    d)　农艺适应性。

3.1.3　经济性

    a)　生产率;

    b)　单位能源消耗量;

    c)　可维修性;

    d)　可回收性。

3.1.4　环保性

    a)　排放污染;

b) 噪声污染；

c) 能源类型。

3.1.5 人机关系

a) 安全性；

b) 舒适性；

c) 调整保养方便性；

d) 美观度。

3.2 评价指标权重分配

评价指标权重分配见表1。

表 1 评价指标权重分配表

一级指标		二级指标	
名称	权重	名称	权重
技术性	0.20	新原理新结构	0.30
		新材料应用	0.25
		数字化、智能化和自动化程度	0.25
		标准化程度	0.20
功能性	0.25	作业质量	0.40
		作业状态监控	0.20
		复式作业或多功能性	0.20
		农艺适应性	0.20
经济性	0.20	生产率	0.40
		单位能源消耗量	0.40
		可维修性	0.10
		可回收性	0.10
环保性	0.15	排放污染	0.40
		噪声污染	0.30
		能源类型	0.30
人机关系	0.20	安全性	0.50
		舒适性	0.25
		调整保养方便性	0.15
		美观度	0.10

4 评价方法

4.1 采用专家评价法进行评价。专家应熟悉本类农业机械产品，每次参与评价的专家人数不少于7人。

4.2 各评价指标分为国际领先、国际先进、国内领先、国内先进、国内一般、国内落后六个评价等级。

4.3 各位专家依据相关标准，采用定量和定性评价相结合的方式，对二级指标逐一做出等级评价，评价结果填入表2。

表 2 二级指标等级评价表

评价指标		国际领先	国际先进	国内领先	国内先进	国内一般	国内落后
技术性	新原理新结构						
	新材料应用						
	数字化、智能化与自动化程度						
	标准化程度						

...

表2（续）

评价指标		国际领先	国际先进	国内领先	国内先进	国内一般	国内落后
功能性	作业质量						
	作业状态监控						
	复式作业或多功能性						
	农艺适应性						
经济性	生产率						
	单位能源消耗量						
	可维修性						
	可回收性						
环保性	排放污染						
	噪声污染						
	能源类型						
人机关系	安全性						
	舒适性						
	调整保养方便性						
	美观度						

注：由各位专家根据评价依据对每个指标做出评价，并在相应表格内打√。

产品名称＿＿＿＿＿＿＿评价时间＿＿＿＿＿＿＿专家签名＿＿＿＿＿＿＿

4.4 将所有专家对各二级指标所做的评价结果进行综合统计，按式（1）计算各二级指标的等级水平选择率 r_{ij}，填入表3：

$$r_{ij} = \frac{K_{ij}}{S} \cdots\cdots\cdots\cdots\cdots\cdots\cdots (1)$$

式中：

r_{ij}——对一组二级指标中的第 i 个指标选择第 j 个评判等级的选择率；

K_{ij}——对一组二级指标中的第 i 个指标选择第 j 个评判等级的专家数；

S——专家总数。

表3 二级指标各等级选择率汇总表

评价指标		国际领先	国际先进	国内领先	国内先进	国内一般	国内落后
技术性	新原理新结构						
	新材料应用						
	数字化、智能化与自动化程度						
	标准化程度						
功能性	作业质量						
	作业状态监控						
	复式作业或多功能性						
	农艺适应性						
经济性	生产率						
	单位能源消耗量						
	可维修性						
	可回收性						
环保性	排放污染						
	噪声污染						
	能源类型						
人机关系	安全性						
	舒适性						
	调整保养方便性						
	美观度						

产品名称＿＿＿＿＿＿＿评价日期＿＿＿＿＿＿＿专家总数＿＿＿＿人 统计人员签名＿＿＿＿＿＿＿

4.5 某个二级指标的等级水平选择率即为该二级指标的评判向量 R_i，$R_i = [r_{i1}, r_{i2}, \cdots, r_{im}]$。

4.6 每个一级指标的所有二级指标的评判向量 R_i 组成矩阵 R：

$$R = \begin{bmatrix} r_{11} & r_{12} & \cdots & r_{1m} \\ r_{21} & r_{22} & \cdots & r_{2m} \\ \vdots & \vdots & & \vdots \\ r_{n1} & r_{n2} & \cdots & r_{nm} \end{bmatrix}$$

m——评判等级数目；

n——本组评价指标的数目。

4.7 按式(2)计算相应的一级指标的评判向量 B，结果填入表4。

$$B = A \otimes R \quad\cdots\cdots (2)$$

式中：

A——本组评价指标的权重集，$A = [a_1, a_2 \cdots a_n]$；

"$\otimes$"——模糊算子，此处表示矩阵相乘。

表4 一级指标评价等级汇总表

一级指标名称	一级指标评价结果					
	国际领先	国际先进	国内领先	国内先进	国内一般	国内落后
技术性						
功能性						
经济性						
环保性						
人机关系						

产品名称_____ 评价日期_____ 专家总数_____人 统计人员签名_____

4.8 所有一级指标的评判向量组成评判向量集，与一级指标的权重集相乘，得出该产品的最终评价值，结果填入表5。

表5 产品最终评价结果

评价结果						总评结果
国际领先	国际先进	国内领先	国内先进	国内一般	国内落后	

产品名称_____ 评价日期_____ 专家总数_____人 统计人员签名_____

4.9 根据最大隶属度原则，选出最大的最终评价值，其对应的评价等级即为该产品的先进性评价结果。

4.10 农业机械先进性评价示例参见附录A。

附 录 A

（资料性附录）

农业机械先进性评价示例

A.1 评价对象：＊＊＊型插秧机。

A.2 评价专家总数：10 人。

A.3 步骤

A.3.1 第一步：专家组每位成员依据相关标准对该插秧机的每个二级指标的先进性等级做出评价。表A.1为某一专家对二级指标的评价结果。

表 A.1 二级指标等级评价表

评价指标		国际领先	国际先进	国内领先	国内先进	国内一般	国内落后
技术性	新原理新结构				√		
	新材料应用			√			
	数字化、智能化与自动化程度		√				
	标准化程度					√	
功能性	作业质量					√	
	作业状态监控			√			
	复式作业或多功能性					√	
	农艺适应性	√					
经济性	生产率		√				
	单位能源消耗量				√		
	可维修性	√					
	可回收性			√			
环保性	排放污染						√
	噪声污染					√	
	能源类型				√		
人机关系	安全性				√		
	舒适性		√				
	调整保养方便性	√					
	美观度					√	

注：由专家根据评判依据对每个指标作出评判，从6个等级中选择一个在相应表格内打√。

产品名称　＊＊＊型插秧机　评价时间　2006.12.1　专家签名　＊＊＊

A.3.2 第二步：将10位专家的评价结果进行汇总计算出每个二级指标的选择率。表A.2中每个单元空格对应的是10位专家对某个二级指标对应的评判元素的选择率 $r_{ij}=\dfrac{K_{ij}}{S}$。例如，对"新原理新结构"指标，选择国际领先的有0人，国际先进的有1人，国内领先的有5人，国内先进的有2人，国内一般的有2人，国内落后的有0人，则选择率分别为0，0.10，0.50，0.20，0.20，0。其他二级指标选择率计算相同，得出了表A.2。

表A.2 二级指标各等级选择率汇总表

	评价指标	国际领先	国际先进	国内领先	国内先进	国内一般	国内落后
技术性	新原理新结构	0	0.10	0.50	0.20	0.20	0
	新材料应用	0	0.10	0.50	0.20	0.20	0
	数字化、智能化与自动化程度	0	0	0.80	0.20	0	0
	标准化程度	0	0.30	0.40	0.30	0	0
功能性	作业质量	0.10	0.40	0.40	0.10	0	0
	作业状态监控	0	0	0.50	0.30	0.20	0
	复式作业或多功能性	0	0	0	0.50	0.50	0
	农艺适应性	0	0	0	0.50	0.40	0.10
经济性	生产率	0	0.10	0.50	0.40	0	0
	单位能源消耗量	0	0	0	0	0.80	0.20
	可维修性	0.10	0.40	0.50	0	0	0
	可回收性	0	0	0.50	0.30	0.20	0
环保性	排放污染	0	0	0	0	0.50	0.50
	噪声污染	0	0	0	0	0.60	0.40
	能源类型	0	0	0	0.30	0.70	0
人机关系	安全性	0	0.30	0.60	0.10	0	0
	舒适性	0	0	0	0	0.60	0.40
	调整保养方便性	0	0	0	0.50	0.50	0
	美观度	0	0	0.60	0.40	0	0

产品名称　×××型插秧机　评价日期　2006.12.1　专家总数　10 人　统计人员签名　×××

注:每个空格内填入数为:$r_{ij}=\dfrac{K_{ij}}{S}$,其中 K_{ij} 为对一组二级指标中的第 i 个指标选择第 j 个评判元素的专家数,S 为参与评价的专家总数。

A.3.3 第三步:利用表 A.2 结果和各二级指标的权重集计算出各一级指标的各等级评判结果,$B=A\otimes R$。

对一级指标"技术性"中,四个二级指标的权重集为:

$$A=[0.30 \quad 0.25 \quad 0.25 \quad 0.20]$$

评判矩阵为:

$$R=\begin{bmatrix} 0 & 0.10 & 0.50 & 0.20 & 0.20 & 0 \\ 0 & 0.10 & 0.50 & 0.20 & 0.20 & 0 \\ 0 & 0 & 0.80 & 0.20 & 0 & 0 \\ 0 & 0.30 & 0.40 & 0.30 & 0 & 0 \end{bmatrix}$$

所以"技术性"指标的评价结果为:

$$B=A\otimes R=[0.30 \quad 0.25 \quad 0.25 \quad 0.20]\begin{bmatrix} 0 & 0.10 & 0.50 & 0.20 & 0.20 & 0 \\ 0 & 0.10 & 0.50 & 0.20 & 0.20 & 0 \\ 0 & 0 & 0.80 & 0.20 & 0 & 0 \\ 0 & 0.30 & 0.40 & 0.30 & 0 & 0 \end{bmatrix}$$

$=[0.30\times0+0.25\times0+0.25\times0+0.20\times0 \quad 0.30\times0.10+0.25\times0.10+0.25\times0+0.20\times0.30 \quad 0.30\times0.50+0.25\times0.50+0.25\times0.80+0.20\times0.40 \quad 0.30\times0.20+0.25\times0.20+0.25\times0.20+0.20\times0.30 \quad 0.30\times0.20+0.25\times0.20+0.25\times0+0.20\times0 \quad 0.30\times0+0.25\times0+0.25\times0+0.20\times0]=[0 \quad 0.115 \quad 0.555 \quad 0.222 \quad 0.110 \quad 0]$

所得向量 B 便为"技术性"指标的评判结果,即表 A.3。

表 A.3 一级指标评价结果

一级指标名称	一级指标评价结果					
	国际领先	国际先进	国内领先	国内先进	国内一般	国内落后
技术性	0	0.115	0.555	0.222	0.110	0

用同样方法计算出功能性、经济性、环保性、人机关系四个一级指标的评判结果,填入表 A.4。

表 A.4 一级指标评价等级汇总表

一级指标名称	一级指标评价结果					
	国际领先	国际先进	国内领先	国内先进	国内一般	国内落后
技术性	0	0.115	0.555	0.222	0.110	0
功能性	0.040	0.160	0.260	0.300	0.220	0.020
经济性	0.010	0.08	0.300	0.190	0.340	0.080
环保性	0	0	0	0.090	0.590	0.320
人机关系	0	0.150	0.360	0.165	0.225	0.100

产品名称 ×××型插秧机 评价日期 2006.12.1 专家总数 10人 统计人员签名 ×××

A.3.4 第四步:利用表 A.4 结果和一级评价指标的权重集计算出产品的最终评价值。

$$\text{评判矩阵为:} R = \begin{bmatrix} 0 & 0.115 & 0.555 & 0.222 & 0.110 & 0 \\ 0.040 & 0.160 & 0.260 & 0.300 & 0.220 & 0.020 \\ 0.010 & 0.080 & 0.300 & 0.190 & 0.340 & 0.080 \\ 0 & 0 & 0 & 0.090 & 0.590 & 0.320 \\ 0 & 0.150 & 0.360 & 0.165 & 0.225 & 0.100 \end{bmatrix}$$

一级指标权重集 $A = [0.20 \quad 0.25 \quad 0.20 \quad 0.15 \quad 0.20]$

产品的评价结果为:

$$B = A \otimes R = [0.20 \ 0.25 \ 0.20 \ 0.15 \ 0.20] \begin{bmatrix} 0 & 0.115 & 0.555 & 0.222 & 0.110 & 0 \\ 0.040 & 0.160 & 0.260 & 0.300 & 0.220 & 0.020 \\ 0.010 & 0.080 & 0.300 & 0.190 & 0.340 & 0.080 \\ 0 & 0 & 0 & 0.090 & 0.590 & 0.320 \\ 0 & 0.150 & 0.360 & 0.165 & 0.225 & 0.100 \end{bmatrix}$$

=[0.20×0+0.25×0.04+0.20×0.01+0.15×0+0.20×0 0.20×0.115+0.25×0.16+0.20× 0.08+0.15×0+0.20×0.15 0.20×0.555+0.25×0.26+0.20×0.30+0.05×0+0.20×0.36 0.20×0.222+0.25×0.30+0.20×0.19+0.15×0.09+0.20×0.165 0.20×0.11+0.25×0.22+ 0.20×0.34+0.15×0.59+0.20×0.225 0.20×0+0.25×0.02+0.20×0.08+0.15×0.32+0.20 ×0.1]=[0.012 0 0.109 0 0.308 0 0.203 9 0.278 5 0.089 0]

得出该产品最终评价结果填入表 A.5。

表 A.5 产品最终评价结果

评价结果						总评结果
国际领先	国际先进	国内领先	国内先进	国内一般	国内落后	国内领先
0.012 0	0.109 0	0.308 0	0.203 9	0.278 5	0.089 0	

产品名称 ×××型插秧机 评价日期 2006.12.1 专家总数 10人 统计人员签名 ×××

A.3.5 根据最大隶属性原则,最大的最终评价值为 0.308 0,其对应的评价结果为"国内领先",该型号插秧机产品的先进性评价结果为国内领先。

ICS 65.060.50
B 91

中华人民共和国农业行业标准

NY/T 1932—2010

联合收割机燃油消耗量
评价指标及测量方法

Evaluating index and testing method of
fuel consumption for combine harvester

2010-07-08 发布
2010-09-01 实施

中华人民共和国农业部 发布

前　　言

本标准遵照 GB/T 1.1—2009 给出的规则起草。

本标准由农业部农业机械化管理司提出。

本标准由全国农业机械标准化技术委员会农业机械化分技术委员会(SAC/TC201/SC2)归口。

本标准起草单位:农业部农业机械试验鉴定总站(中国农机产品质量认证中心)、江苏省农业机械试验鉴定站、浙江柳林收割机有限公司、福田雷沃国际重工股份有限公司、洋马农机(中国)有限公司。

本标准主要起草人:张晓晨、朱祖良、郑春芳、岳芹、张中杰、李伟、李博强、王杰。

联合收割机燃油消耗量评价指标及测量方法

1 范围

本标准规定了联合收割机（以下简称：收割机）燃油消耗量测量的术语和定义、评价指标、检测条件、检测方法、测量结果的重复性检验和置信区间。

本标准适用于以柴油机为动力的自走式稻麦联合收割机。

2 规范性引用文件

下列文件对于本文件的应用是必不可少的。凡是注日期的引用文件，仅注日期的版本适用于本文件。凡是不注日期的引用文件，其最新版本（包括所有的修改单）适用于本文件。

GB/T 5262　农业机械试验条件　测定方法的一般规定

GB/T 20790　半喂入联合收割机　技术条件

JB/T 5117　全喂入联合收割机　技术条件

3 术语和定义

下列术语和定义适用于本文件。

3.1

额定工况燃油消耗量　standard running conditions fuel consumption

在规定的作业条件下，收割机匀速收获特定作物，单位面积平均的燃油消耗量，单位为升每公顷（L/hm²）。

4 燃油消耗量评价指标

4.1 取额定工况燃油消耗量为收割机燃料消耗量的评价指标。履带式收割机应在收获水稻作业时检测，轮式收割机应在收获小麦作业时检测。

4.2 收割机额定工况燃油消耗量按式（1）计算：

$$Q = 10\,000 \times \frac{q}{B \times S} \quad\text{································ (1)}$$

式中：

Q——收割机额定工况燃油消耗量，单位为升每公顷（L/hm²）；

q——收割机在规定车速下匀速行驶、规定工况下匀速作业，测得的收割机燃料消耗量，单位为升（L）；

B——收割机的工作幅宽，单位为米（m）；

S——测定区长度，单位为米（m）。

5 检测条件

5.1 气象环境条件

测量应在气温为 23℃～35℃、大气压 100 kPa～105 kPa、相对湿度 30%～75%、距地面 1.2 m 高处的风速不大于 3 m/s 的无雨、无雾、作物表面无露水条件下进行。

5.2 试验地条件

稻（麦）田的测试区长度不小于 100 m，宽度不小于工作幅宽 8 倍。检测用稻田 7.5 cm 处土壤坚实度不低于 350 kPa，麦田不低于 500 kPa；15 cm～20 cm 处土壤坚实度不低于 7.5 cm 处。无田埂、大于 5 cm 的土块或石块，田地纵向坡度不大于 0.3%，横向坡度不大于 0.3%。

5.3 作物条件

检测用作物应处完熟期，距离地表 20 cm 以上无杂草，作物无倒伏，疏密程度、长势均匀。小麦自然高度为（80±10）cm，草谷比为 0.8～1.0，子粒含水率为 15%～20%，秸秆含水率为 20%～30%，产量为 5 250 kg/hm²～6 750 kg/hm²。水稻自然高度为（90±10）cm，草谷比为 1.5～1.9，子粒含水率为 18%～23%，秸秆含水率为 25%～40%，产量为 7 500 kg/hm²～8 250 kg/hm²。半喂入机型检测用水稻穗幅差不大于 250 mm。

5.4 样机状态

5.4.1 被测收割机应符合 GB/T 20790 或 JB/T 5117 的规定，并与随机技术文件相符，保持技术状态正常。

5.4.2 测量用的燃油应是 0 号柴油。重复测量应使用同一批次的燃料。

5.4.3 被测收割机应保持最大设计总质量。车上乘员（包括驾驶员）数目应符合随机技术文件的规定，可以用重物放在相应位置代替乘员，每人按 65 kg 计（坐椅上 55 kg、前面地板上 10 kg）。

5.4.4 每次测试前应卸空粮仓。

5.4.5 进行测量前，被测收割机应进行预热，使各部分达到正常的工作温度。有机械卸粮装置的，应使收割机粮道内有必要的作物填充（覆盖粮箱内绞龙，但垂直方向高度不超过 10 cm）。

5.4.6 测量时发动机应处于正常工作状态，转速应符合规定要求。

5.4.7 测量时的轮胎不得有积泥和油污，且轮胎气压应符合随机技术文件的规定或轮胎上标注的气压，最大误差不超过±10 kPa。

5.4.8 测量时须开动机器正常收获作业所必需的所有功能部件。履带、传动链（皮带）张紧程度、作业间隙（输送滚筒、过桥、凹板）等正式检测前允许调整，调整应符合出厂技术条件和产品说明书要求，检测开始后不允许调整。

5.5 测量所用仪器设备

5.5.1 应按国家相关规定进行检定或校准，并在检定或校准有效日期内。每次测量前应对所用仪器设备进行校验，保证符合测量准确度要求。

5.5.2 测量仪器准确度

各测量仪器的准确度应符合表 1 要求。

表 1 对测量仪器的准确度要求

序号	被测物理量		测量范围	测量准确度要求
1	长度		0 m～50 m	±1 mm
2	时间		0 h～24 h	±1 s/24 h
3	燃油消耗量		0.3 L/h～120 L/h	±1.0%
4	质量		0 kg～2 kg	±0.1 g
5	含水率		0%～100%	2%
6	压力	轮胎气压	0 kPa～1 000 kPa	5 kPa
		土壤坚实度	0 MPa～1 MPa	50 kPa

6 燃油消耗量的测定方法

6.1 试验条件的测定方法

试验条件的测定方法按 GB/T 5262 的规定。

6.2 额定工况燃油消耗量的测定方法

6.2.1 一般要求

6.2.1.1 全喂入机型在满割幅、割茬高度不大于 20 cm、喂入量不低于说明书规定和作业性能(损失率、含杂率、破碎率)满足国家标准要求的前提下,选定一个最佳收割速度挡。半喂入机型在满割幅、割茬高度不大于 20 cm、喂入量不低于说明书规定和作业性能满足国家标准要求的前提下,选定一个最佳收割速度挡。

6.2.1.2 测定前,让机器进行试割作业,确定主要作业性能是否符合产品标准要求。同时,对测试区周围进行必要修边等整理,以保证其后满割幅收割检测时,测定区段上实际割幅均匀一致。

6.2.1.3 测定区长度 50 m。测定区前应有 20 m 的稳定区,测定区后应有不少于 15 m 的停车区。

6.2.1.4 样机在稳定区和测定区内不得改变工况。

6.2.2 测定方法

6.2.2.1 测量时,应标识测定区的起点和终点。在远离起点 20 m 外的稳定区起步,按 6.2.1.1 要求作业 50 m,测量并记录对应的时间、测定区长度、燃油消耗量、割幅,将结果记录于附录 A 中。

6.2.2.2 重复检测,直至获得四个有效的测量结果。每做完一次,进行一次重复性检验。

6.2.2.3 取通过重复性检验的四次测量结果的算术平均值为测得的额定工况燃油消耗量的测量值。

7 测量结果的重复性检验和置信区间

7.1 测量结果重复性检验

额定工况燃油消耗量测量结果应按第 95 百分位分布进行重复性检验。

7.1.1 标准差

第 95 百分位分布的标准差 R 与重复测量次数 n 有关,见表 2。

表 2 第 95 百分位分布的标准差 R 与重复测量次数 n 的关系

n	2	3	4	5	6
R L/hm²	$0.053\,\bar{Q}^{a)}$	$0.063\,\bar{Q}^{a)}$	$0.069\,\bar{Q}^{a)}$	$0.073\,\bar{Q}^{a)}$	$0.085\,\bar{Q}^{a)}$
a) $\bar{Q}$ 为特定工况测量时,n 次测量所测得燃油消耗量的算术平均值,单位为 L/hm²。					

7.1.2 重复性检验

ΔQ_{max} 为特定工况测量时,n 次测量结果中最大燃油消耗量值与最小燃油消耗量值之差,单位为升每公顷(L/hm²)。

当 $\Delta Q_{max} < R$ 时,认为测量结果的重复性好,不必增加测量次数;

当 $\Delta Q_{max} > R$ 时,认为测量结果的重复性差,应增加测量次数,直到测量结果的重复性好。

7.2 置信区间

测量结果的置信区间 ΔQ_v(置信度 90%)按式(2)计算:

$$\Delta Q_v = \pm \frac{0.031\bar{Q}}{\sqrt{n}} \quad\cdots\cdots\cdots\cdots\cdots\cdots\cdots\cdots\cdots\cdots\cdots\cdots\cdots (2)$$

式中:

ΔQ_v——测量结果的置信区间(置信度 90%),单位为升每公顷(L/hm²);

$\bar{Q}$——实测的燃油消耗量的算术平均值,单位为升每公顷(L/hm²);

n——测量次数。

附　录　A

（规范性附录）

联合收割机额定工况燃油消耗量检测记录表

测量地点：　　　　　　　　　　　　　　　　日期：　　　　年　月　日

天气：　　　　　　气温：　　℃　　　　　湿度：　　　　　　　大气压：　　　　　kPa

测量用燃油标号：　　　　　　　　燃油密度：

机器类型：　　　　　　　机器编号：　　　　　　　出厂日期：

机器型号：　　　　　　　驾驶室型式：　　　　　挡位数：　　　　　作业挡：

整机整备质量：　　kg　　　最大设计总质量：　　kg　　　驾驶室准乘人数：

发动机型式：　　　　　型号：　　　　　编号：

　　标定功率、转速：　　kW　　r/min　　供油系统型式：　　　　　有无增压系统：

轮胎规格型号：前轮：　　　　　后轮：　　　　　履带规格型号：

前轮气压（左/右）　　kPa　　　后轮气压（左/右）　　　kPa

收获功能（收割、脱粒、清选、秸秆粉碎）：

作业间隙（输送滚筒、过桥、凹板）：

作物品种：　　　　　自然高度（cm）：　　　　产量（kg/hm²）：

种植模式：　　　　成熟期：　　　　杂草情况：地表20 cm以上　□有　□无

作物倒伏状况：　　　　草谷比：　　　　子粒含水率：

秸秆含水率：　　　　产量（kg/hm²）：

土壤坚实度（kPa）：　　　　田地纵向坡度：　　　　横向坡度：

测试区长度（m）：　　　　　　幅宽（m）：

序号	重复次数	时间 s	实际喂入量（工作量）kg/s	割茬高度 cm	单次额定工况燃油消耗量 L/hm²	额定工况燃油消耗量 L/hm²
1						
2						

其他说明：_____

测量人员：　　　　　　　　　　　　驾驶人员：

附录

中华人民共和国农业部公告
第 1390 号

《茭白等级规格》等 122 项标准业经专家审定通过,我部审查批准,现发布为中华人民共和国农业行业标准。自 2010 年 9 月 1 日起实施。

特此公告

二〇一〇年五月二十日

序号	标准号	标准名称	代替标准号
1	NY/T 1834—2010	茭白等级规格	
2	NY/T 1835—2010	大葱等级规格	
3	NY/T 1836—2010	白灵菇等级规格	
4	NY/T 1837—2010	西葫芦等级规格	
5	NY/T 1838—2010	黑木耳等级规格	
6	NY/T 1839—2010	果树术语	
7	NY/T 1840—2010	露地蔬菜产品认证申报审核规范	
8	NY/T 1841—2010	苹果中可溶性固形物、可滴定酸无损伤快速测定　近红外光谱法	
9	NY/T 1842—2010	人参中皂苷的测定	
10	NY/T 1843—2010	葡萄无病毒母本树和苗木	
11	NY/T 1844—2010	农作物品种审定规范　食用菌	
12	NY/T 1845—2010	食用菌菌种区别性鉴定　拮抗反应	
13	NY/T 1846—2010	食用菌菌种检验规程	
14	NY/T 1847—2010	微生物肥料生产菌株质量评价通用技术要求	
15	NY/T 1848—2010	中性、石灰性土壤铵态氮、有效磷、速效钾的测定　联合浸提—比色法	
16	NY/T 1849—2010	酸性土壤铵态氮、有效磷、速效钾的测定　联合浸提—比色法	
17	NY/T 1850—2010	外来昆虫引入风险评估技术规范	
18	NY/T 1851—2010	外来草本植物引入风险评估技术规范	
19	NY/T 1852—2010	内生集壶菌检疫技术规程	
20	NY/T 1853—2010	除草剂对后茬作物影响试验方法	
21	NY/T 1854—2010	马铃薯晚疫病测报技术规范	
22	NY/T 1855—2010	西藏飞蝗测报技术规范	
23	NY/T 1856—2010	农区鼠害控制技术规程	
24	NY/T 1857.1—2010	黄瓜主要病害抗病性鉴定技术规程　第1部分:黄瓜抗霜霉病鉴定技术规程	
25	NY/T 1857.2—2010	黄瓜主要病害抗病性鉴定技术规程　第2部分:黄瓜抗白粉病鉴定技术规程	
26	NY/T 1857.3—2010	黄瓜主要病害抗病性鉴定技术规程　第3部分:黄瓜抗枯萎病鉴定技术规程	
27	NY/T 1857.4—2010	黄瓜主要病害抗病性鉴定技术规程　第4部分:黄瓜抗疫病鉴定技术规程	
28	NY/T 1857.5—2010	黄瓜主要病害抗病性鉴定技术规程　第5部分:黄瓜抗黑星病鉴定技术规程	
29	NY/T 1857.6—2010	黄瓜主要病害抗病性鉴定技术规程　第6部分:黄瓜抗细菌性角斑病鉴定技术规程	
30	NY/T 1857.7—2010	黄瓜主要病害抗病性鉴定技术规程　第7部分:黄瓜抗黄瓜花叶病毒病鉴定技术规程	
31	NY/T 1857.8—2010	黄瓜主要病害抗病性鉴定技术规程　第8部分:黄瓜抗南方根结线虫病鉴定技术规程	
32	NY/T 1858.1—2010	番茄主要病害抗病性鉴定技术规程　第1部分:番茄抗晚疫病鉴定技术规程	
33	NY/T 1858.2—2010	番茄主要病害抗病性鉴定技术规程　第2部分:番茄抗叶霉病鉴定技术规程	
34	NY/T 1858.3—2010	番茄主要病害抗病性鉴定技术规程　第3部分:番茄抗枯萎病鉴定技术规程	
35	NY/T 1858.4—2010	番茄主要病害抗病性鉴定技术规程　第4部分:番茄抗青枯病鉴定技术规程	

（续）

序号	标准号	标准名称	代替标准号
36	NY/T 1858.5—2010	番茄主要病害抗病性鉴定技术规程　第5部分:番茄抗疮痂病鉴定技术规程	
37	NY/T 1858.6—2010	番茄主要病害抗病性鉴定技术规程　第6部分:番茄抗番茄花叶病毒病鉴定技术规程	
38	NY/T 1858.7—2010	番茄主要病害抗病性鉴定技术规程　第7部分:番茄抗黄瓜花叶病毒病鉴定技术规程	
39	NY/T 1858.8—2010	番茄主要病害抗病性鉴定技术规程　第8部分:番茄抗南方根结线虫病鉴定技术规程	
40	NY/T 1859.1—2010	农药抗性风险评估　第1部分:总则	
41	NY/T 1464.27—2010	农药田间药效试验准则　第27部分:杀虫剂防治十字花科蔬菜蚜虫	
42	NY/T 1464.28—2010	农药田间药效试验准则　第28部分:杀虫剂防治阔叶树天牛	
43	NY/T 1464.29—2010	农药田间药效试验准则　第29部分:杀虫剂防治松褐天牛	
44	NY/T 1464.30—2010	农药田间药效试验准则　第30部分:杀菌剂防治烟草角斑病	
45	NY/T 1464.31—2010	农药田间药效试验准则　第31部分:杀菌剂防治生姜姜瘟病	
46	NY/T 1464.32—2010	农药田间药效试验准则　第32部分:杀菌剂防治番茄青枯病	
47	NY/T 1464.33—2010	农药田间药效试验准则　第33部分:杀菌剂防治豇豆锈病	
48	NY/T 1464.34—2010	农药田间药效试验准则　第34部分:杀菌剂防治茄子黄萎病	
49	NY/T 1464.35—2010	农药田间药效试验准则　第35部分:除草剂防治直播蔬菜田杂草	
50	NY/T 1464.36—2010	农药田间药效试验准则　第36部分:除草剂防治菠萝地杂草	
51	NY/T 1860.1—2010	农药理化性质测定试验导则　第1部分:pH值	
52	NY/T 1860.2—2010	农药理化性质测定试验导则　第2部分:酸(碱)度	
53	NY/T 1860.3—2010	农药理化性质测定试验导则　第3部分:外观	
54	NY/T 1860.4—2010	农药理化性质测定试验导则　第4部分:原药稳定性	
55	NY/T 1860.5—2010	农药理化性质测定试验导则　第5部分:紫外/可见光吸收	
56	NY/T 1860.6—2010	农药理化性质测定试验导则　第6部分:爆炸性	
57	NY/T 1860.7—2010	农药理化性质测定试验导则　第7部分:水中光解	
58	NY/T 1860.8—2010	农药理化性质测定试验导则　第8部分:正辛醇/水分配系数	
59	NY/T 1860.9—2010	农药理化性质测定试验导则　第9部分:水解	
60	NY/T 1860.10—2010	农药理化性质测定试验导则　第10部分:氧化—还原/化学不相容性	
61	NY/T 1860.11—2010	农药理化性质测定试验导则　第11部分:闪点	
62	NY/T 1860.12—2010	农药理化性质测定试验导则　第12部分:燃点	
63	NY/T 1860.13—2010	农药理化性质测定试验导则　第13部分:与非极性有机溶剂混溶性	
64	NY/T 1860.14—2010	农药理化性质测定试验导则　第14部分:饱和蒸气压	
65	NY/T 1860.15—2010	农药理化性质测定试验导则　第15部分:固体可燃性	
66	NY/T 1860.16—2010	农药理化性质测定试验导则　第16部分:对包装材料腐蚀性	
67	NY/T 1860.17—2010	农药理化性质测定试验导则　第17部分:密度	
68	NY/T 1860.18—2010	农药理化性质测定试验导则　第18部分:比旋光度	
69	NY/T 1860.19—2010	农药理化性质测定试验导则　第19部分:沸点	
70	NY/T 1860.20—2010	农药理化性质测定试验导则　第20部分:熔点	
71	NY/T 1860.21—2010	农药理化性质测定试验导则　第21部分:黏度	
72	NY/T 1860.22—2010	农药理化性质测定试验导则　第22部分:溶解度	
73	NY/T 1861—2010	外来草本植物普查技术规程	
74	NY/T 1862—2010	外来入侵植物监测技术规程　加拿大一枝黄花	
75	NY/T 1863—2010	外来入侵植物监测技术规程　飞机草	
76	NY/T 1864—2010	外来入侵植物监测技术规程　紫茎泽兰	

（续）

序号	标准号	标准名称	代替标准号
77	NY/T 1865—2010	外来入侵植物监测技术规程　薇甘菊	
78	NY/T 1866—2010	外来入侵植物监测技术规程　黄顶菊	
79	NY/T 1867—2010	土壤腐殖质组成的测定　焦磷酸钠—氢氧化钠提取重铬酸钾氧化容量法	
80	NY/T 1868—2010	肥料合理使用准则　有机肥料	
81	NY/T 1869—2010	肥料合理使用准则　钾肥	
82	NY 1870—2010	藏獒	
83	NY/T 1871—2010	黄羽肉鸡饲养管理技术规程	
84	NY/T 1872—2010	种羊遗传评估技术规范	
85	NY/T 1873—2010	日本脑炎病毒抗体间接检测　酶联免疫吸附法	
86	NY 1874—2010	制绳机械设备安全技术要求	
87	NY/T 1875—2010	联合收割机禁用与报废技术条件	
88	NY/T 1876—2010	喷杆式喷雾机安全施药技术规范	
89	NY/T 1877—2010	轮式拖拉机质心位置测定　质量周期法	
90	NY/T 1878—2010	生物质固体成型燃料技术条件	
91	NY/T 1879—2010	生物质固体成型燃料采样方法	
92	NY/T 1880—2010	生物质固体成型燃料样品制备方法	
93	NY/T 1881.1—2010	生物质固体成型燃料试验方法　第1部分:通则	
94	NY/T 1881.2—2010	生物质固体成型燃料试验方法　第2部分:全水分	
95	NY/T 1881.3—2010	生物质固体成型燃料试验方法　第3部分:一般分析样品水分	
96	NY/T 1881.4—2010	生物质固体成型燃料试验方法　第4部分:挥发分	
97	NY/T 1881.5—2010	生物质固体成型燃料试验方法　第5部分:灰分	
98	NY/T 1881.6—2010	生物质固体成型燃料试验方法　第6部分:堆积密度	
99	NY/T 1881.7—2010	生物质固体成型燃料试验方法　第7部分:密度	
100	NY/T 1881.8—2010	生物质固体成型燃料试验方法　第8部分:机械耐久性	
101	NY/T 1882—2010	生物质固体成型燃料成型设备技术条件	
102	NY/T 1883—2010	生物质固体成型燃料成型设备试验方法	
103	NY/T 1884—2010	绿色食品　果蔬粉	
104	NY/T 1885—2010	绿色食品　米酒	
105	NY/T 1886—2010	绿色食品　复合调味料	
106	NY/T 1887—2010	绿色食品　乳清制品	
107	NY/T 1888—2010	绿色食品　软体动物休闲食品	
108	NY/T 1889—2010	绿色食品　烘炒食品	
109	NY/T 1890—2010	绿色食品　蒸制类糕点	
110	NY/T 1891—2010	绿色食品　海洋捕捞水产品生产管理规范	
111	NY/T 1892—2010	绿色食品　畜禽饲养防疫准则	
112	SC/T 1106—2010	渔用药物代谢动力学和残留试验技术规范	
113	SC/T 8139—2010	渔船设施卫生基本条件	
114	SC/T 8137—2010	渔船布置图专用设备图形符号	
115	SC/T 8117—2010	玻璃纤维增强塑料渔船木质阴模制作	SC/T 8117—2001
116	NY/T 1041—2010	绿色食品　干果	NY/T 1041—2006
117	NY/T 844—2010	绿色食品　温带水果	NY/T 844—2004，NY/T 428—2000
118	NY/T 471—2010	绿色食品　畜禽饲料及饲料添加剂使用准则	NY/T 471—2001
119	NY/T 494—2010	魔芋粉	NY/T 494—2002
120	NY/T 528—2010	食用菌菌种生产技术规程	NY/T 528—2002
121	NY/T 496—2010	肥料合理使用准则　通则	NY/T 496—2002
122	SC 2018—2010	红鳍东方鲀	SC 2018—2004

中华人民共和国农业部公告
第 1418 号

《加工用花生等级规格》等 44 项标准业经专家审定通过,我部审查批准,现发布为中华人民共和国农业行业标准,自 2010 年 9 月 1 日起实施。

特此公告

二〇一〇年七月八日

附　录

序号	标准号	标准名称	代替标准号
1	NY/T 1893—2010	加工用花生等级规格	
2	NY/T 1894—2010	茄子等级规格	
3	NY/T 1895—2010	豆类、谷类电子束辐照处理技术规范	
4	NY/T 1896—2010	兽药残留实验室质量控制规范	
5	NY/T 1897—2010	动物及动物产品兽药残留监控抽样规范	
6	NY/T 1898—2010	畜禽线粒体DNA遗传多样性检测技术规程	
7	NY/T 1899—2010	草原自然保护区建设技术规范	
8	NY/T 1900—2010	畜禽细胞与胚胎冷冻保种技术规范	
9	NY/T 1901—2010	鸡遗传资源保种场保护技术规范	
10	NY/T 1902—2010	饲料中单核细胞增生李斯特氏菌的微生物学检验	
11	NY/T 1903—2010	牛胚胎性别鉴定技术方法 PCR法	
12	NY/T 1904—2010	饲草产品质量安全生产技术规范	
13	NY/T 1905—2010	草原鼠害安全防治技术规程	
14	NY/T 1906—2010	农药环境评价良好实验室规范	
15	NY/T 1907—2010	推土(铲运)机驾驶员	
16	NY/T 1908—2010	农机焊工	
17	NY/T 1909—2010	农机专业合作社经理人	
18	NY/T 1910—2010	农机维修电工	
19	NY/T 1911—2010	绿化工	
20	NY/T 1912—2010	沼气物管员	
21	NY/T 1913—2010	农村太阳能光伏室外照明装置 第1部分:技术要求	
22	NY/T 1914—2010	农村太阳能光伏室外照明装置 第2部分:安装规范	
23	NY/T 1915—2010	生物质固体成型燃料术语	
24	NY/T 1916—2010	非自走式沼渣沼液抽排设备技术条件	
25	NY/T 1917—2010	自走式沼渣沼液抽排设备技术条件	
26	NY 1918—2010	农机安全监理证证件	
27	NY 1919—2010	耕整机 安全技术要求	
28	NY/T 1920—2010	微型谷物加工组合机 技术条件	
29	NY/T 1921—2010	耕作机组作业能耗评价方法	
30	NY/T 1922—2010	机插育秧技术规程	
31	NY/T 1923—2010	背负式喷雾机安全施药技术规范	
32	NY/T 1924—2010	油菜移栽机质量评价技术规范	
33	NY/T 1925—2010	在用喷杆喷雾机质量评价技术规范	
34	NY/T 1926—2010	玉米收获机 修理质量	
35	NY/T 1927—2010	农机户经营效益抽样调查方法	
36	NY/T 1928.1—2010	轮式拖拉机 修理质量 第1部分:皮带传动轮式拖拉机	
37	NY/T 1929—2010	轮式拖拉机静侧翻稳定性试验方法	
38	NY/T 1930—2010	秸秆颗粒饲料压制机质量评价技术规范	
39	NY/T 1931—2010	农业机械先进性评价一般方法	
40	NY/T 1932—2010	联合收割机燃油消耗量评价指标及测量方法	
41	NY/T 1121.22—2010	土壤检测 第22部分:土壤田间持水量的测定 环刀法	
42	NY/T 1121.23—2010	土壤检测 第23部分:土粒密度的测定	
43	NY/T 676—2010	牛肉等级规格	NY/T 676—2003
44	NY/T 372—2010	重力式种子分选机质量评价技术规范	NY/T 372—1999

中华人民共和国农业部公告
第 1466 号

《大豆等级规格》等 33 项行业标准报批稿业经专家审定通过、我部审查批准,现发布为中华人民共和国农业行业标准,自 2010 年 12 月 1 日起实施。

特此公告

二〇一〇年九月二十一日

附　录

序号	标准号	标准名称	代替标准号
1	NY/T 1933—2010	大豆等级规格	
2	NY/T 1934—2010	双孢蘑菇、金针菇贮运技术规范	
3	NY/T 1935—2010	食用菌栽培基质质量安全要求	
4	NY/T 1936—2010	连栋温室采光性能测试方法	
5	NY/T 1937—2010	温室湿帘　风机系统降温性能测试方法	
6	NY/T 1938—2010	植物性食品中稀土元素的测定　电感耦合等离子体发射光谱法	
7	NY/T 1939—2010	热带水果包装、标识通则	
8	NY/T 1940—2010	热带水果分类和编码	
9	NY/T 1941—2010	龙舌兰麻种质资源鉴定技术规程	
10	NY/T 1942—2010	龙舌兰麻抗病性鉴定技术规程	
11	NY/T 1943—2010	木薯种质资源描述规范	
12	NY/T 1944—2010	饲料中钙的测定　原子吸收分光光谱法	
13	NY/T 1945—2010	饲料中硒的测定　微波消解—原子荧光光谱法	
14	NY/T 1946—2010	饲料中牛羊源性成分检测　实时荧光聚合酶链反应法	
15	NY/T 1947—2010	羊外寄生虫药浴技术规范	
16	NY/T 1948—2010	兽医实验室生物安全要求通则	
17	NY/T 1949—2010	隐孢子虫卵囊检测技术　改良抗酸染色法	
18	NY/T 1950—2010	片形吸虫病诊断技术规范	
19	NY/T 1951—2010	蜜蜂幼虫腐臭病诊断技术规范	
20	NY/T 1952—2010	动物免疫接种技术规范	
21	NY/T 1953—2010	猪附红细胞体病诊断技术规范	
22	NY/T 1954—2010	蜜蜂螨病病原检查技术规范	
23	NY/T 1955—2010	口蹄疫接种技术规范	
24	NY/T 1956—2010	口蹄疫消毒技术规范	
25	NY/T 1957—2010	畜禽寄生虫鉴定检索系统	
26	NY/T 1958—2010	猪瘟流行病学调查技术规范	
27	NY 5359—2010	无公害食品　香辛料产地环境条件	
28	NY 5360—2010	无公害食品　可食花卉产地环境条件	
29	NY 5361—2010	无公害食品　淡水养殖产地环境条件	
30	NY 5362—2010	无公害食品　海水养殖产地环境条件	
31	NY/T 5363—2010	无公害食品　蔬菜生产管理规范	
32	NY/T 460—2010	天然橡胶初加工机械　干燥车	NY/T 460—2001
33	NY/T 461—2010	天然橡胶初加工机械　推进器	NY/T 461—2001

中华人民共和国农业部公告
第 1485 号

　　根据《中华人民共和国农业转基因生物安全管理条例》规定,《转基因植物及其产品成分检测　耐除草剂棉花 MON1445 及其衍生品种定性 PCR 方法》等 19 项标准业经专家审定通过和我部审查批准,现发布为中华人民共和国国家标准。自 2011 年 1 月 1 日起实施。

　　特此公告

二〇一〇年十一月十五日

附　录

序号	标准名称	标准代号
1	转基因植物及其产品成分检测　耐除草剂棉花 MON1445 及其衍生品种定性 PCR 方法	农业部 1485 号公告—1—2010
2	转基因微生物及其产品成分检测　猪伪狂犬 TK⁻/gE⁻/gI⁻ 毒株(SA215 株)及其产品定性 PCR 方法	农业部 1485 号公告—2—2010
3	转基因植物及其产品成分检测　耐除草剂甜菜 H7‐1 及其衍生品种定性 PCR 方法	农业部 1485 号公告—3—2010
4	转基因植物及其产品成分检测　DNA 提取和纯化	农业部 1485 号公告—4—2010
5	转基因植物及其产品成分检测　抗病水稻 M12 及其衍生品种定性 PCR 方法	农业部 1485 号公告—5—2010
6	转基因植物及其产品成分检测　耐除草剂大豆 MON89788 及其衍生品种定性 PCR 方法	农业部 1485 号公告—6—2010
7	转基因植物及其产品成分检测　耐除草剂大豆 A2704—12 及其衍生品种定性 PCR 方法	农业部 1485 号公告—7—2010
8	转基因植物及其产品成分检测　耐除草剂大豆 A5547—127 及其衍生品种定性 PCR 方法	农业部 1485 号公告—8—2010
9	转基因植物及其产品成分检测　抗虫耐除草剂玉米 59122 及其衍生品种定性 PCR 方法	农业部 1485 号公告—9—2010
10	转基因植物及其产品成分检测　耐除草剂棉花 LLcotton25 及其衍生品种定性 PCR 方法	农业部 1485 号公告—10—2010
11	转基因植物及其产品成分检测　抗虫转 Bt 基因棉花定性 PCR 方法	农业部 1485 号公告—11—2010
12	转基因植物及其产品成分检测　耐除草剂棉花 MON88913 及其衍生品种定性 PCR 方法	农业部 1485 号公告—12—2010
13	转基因植物及其产品成分检测　抗虫棉花 MON15985 及其衍生品种定性 PCR 方法	农业部 1485 号公告—13—2010
14	转基因植物及其产品成分检测　抗虫转 Bt 基因棉花外源蛋白表达量检测技术规范	农业部 1485 号公告—14—2010
15	转基因植物及其产品成分检测　抗虫耐除草剂玉米 MON88017 及其衍生品种定性 PCR 方法	农业部 1485 号公告—15—2010
16	转基因植物及其产品成分检测 抗虫玉米 MIR604 及其衍生品种定性 PCR 方法	农业部 1485 号公告—16—2010
17	转基因生物及其产品食用安全检测 外源基因异源表达蛋白质等同性分析导则	农业部 1485 号公告—17—2010
18	转基因生物及其产品食用安全检测 外源蛋白质过敏性生物信息学分析方法	农业部 1485 号公告—18—2010
19	转基因植物及其产品成分检测 基体标准物质候选物鉴定方法	农业部 1485 号公告—19—2010

中华人民共和国农业部公告
第 1486 号

根据《中华人民共和国兽药管理条例》和《中华人民共和国饲料和饲料添加剂管理条例》规定,《饲料中苯乙醇胺 A 的测定　高效液相色谱—串联质谱法》等 10 项标准业经专家审定通过和我部审查批准,现发布为中华人民共和国国家标准,自发布之日起实施。

特此公告

二〇一〇年十一月十六日

附　录

序号	标准名称	标准代号
1	饲料中苯乙醇胺 A 的测定　高效液相色谱—串联质谱法	农业部 1486 号公告—1—2010
2	饲料中可乐定和赛庚啶的测定　液相色谱—串联质谱法	农业部 1486 号公告—2—2010
3	饲料中安普霉素的测定　高效液相色谱法	农业部 1486 号公告—3—2010
4	饲料中硝基咪唑类药物的测定　液相色谱—质谱法	农业部 1486 号公告—4—2010
5	饲料中阿维菌素药物的测定　液相色谱—质谱法	农业部 1486 号公告—5—2010
6	饲料中雷琐酸内酯类药物的测定　气相色谱—质谱法	农业部 1486 号公告—6—2010
7	饲料中 9 种磺胺类药物的测定　高效液相色谱法	农业部 1486 号公告—7—2010
8	饲料中硝基呋喃类药物的测定　高效液相色谱法	农业部 1486 号公告—8—2010
9	饲料中氯烯雌醚的测定　高效液相色谱法	农业部 1486 号公告—9—2010
10	饲料中三唑仑的测定　气相色谱—质谱法	农业部 1486 号公告—10—2010

中华人民共和国农业部公告
第 1515 号

《农业科学仪器设备分类与代码》等 50 项标准业经专家审定通过,我部审查批准,现发布为中华人民共和国农业行业标准,自 2011 年 2 月 1 日起实施。

特此公告。

二〇一〇年十二月二十三日

附　录

序号	标准号	标准名称	代替标准号
1	NY/T 1959—2010	农业科学仪器设备分类与代码	
2	NY/T 1960—2010	茶叶中磁性金属物的测定	
3	NY/T 1961—2010	粮食作物名词术语	
4	NY/T 1962—2010	马铃薯纺锤块茎类病毒检测	
5	NY/T 1963—2010	马铃薯品种鉴定	
6	NY/T 1151.3—2010	农药登记用卫生杀虫剂室内药效试验及评价　第3部分：蝇香	
7	NY/T 1964.1—2010	农药登记用卫生杀虫剂室内试验试虫养殖方法　第1部分：家蝇	
8	NY/T 1964.2—2010	农药登记用卫生杀虫剂室内试验试虫养殖方法　第2部分：淡色库蚊和致倦库蚊	
9	NY/T 1964.3—2010	农药登记用卫生杀虫剂室内试验试虫养殖方法　第3部分：白纹伊蚊	
10	NY/T 1964.4—2010	农药登记用卫生杀虫剂室内药效试验及评价　第4部分：德国小蠊	
11	NY/T 1965.1—2010	农药对作物安全性评价准则　第1部分：杀菌剂和杀虫剂对作物安全性评价室内试验方法	
12	NY/T 1965.2—2010	农药对作物安全性评价准则　第2部分：光合抑制型除草剂对作物安全性测定试验方法	
13	NY/T 1966—2010	温室覆盖材料安装与验收规范　塑料薄膜	
14	NY/T 1967—2010	纸质湿帘性能测试方法	
15	NY/T 1968—2010	玉米干全酒糟（玉米DDGS）	
16	NY/T 1969—2010	饲料添加剂　产朊假丝酵母	
17	NY/T 1970—2010	饲料中伏马毒素的测定	
18	NY/T 1971—2010	水溶肥料腐植酸含量的测定	
19	NY/T 1972—2010	水溶肥料钠、硒、硅含量的测定	
20	NY/T 1973—2010	水溶肥料水不溶物含量和pH值的测定	
21	NY/T 1974—2010	水溶肥料铜、铁、锰、锌、硼、钼含量的测定	
22	NY/T 1975—2010	水溶肥料游离氨基酸含量的测定	
23	NY/T 1976—2010	水溶肥料有机质含量的测定	
24	NY/T 1977—2010	水溶肥料总氮、磷、钾含量的测定	
25	NY/T 1978—2010	肥料汞、砷、镉、铅、铬含量的测定	
26	NY 1979—2010	肥料登记　标签技术要求	
27	NY 1980—2010	肥料登记　急性经口毒性试验及评价要求	
28	NY/T 1981—2010	猪链球菌病监测技术规范	
29	NY 886—2010	农林保水剂	NY 886—2004
30	NY/T 887—2010	液体肥料密度的测定	NY/T 887—2004
31	NY 1106—2010	含腐殖酸水溶肥料	NY 1106—2006
32	NY 1107—2010	大量元素水溶肥料	NY 1107—2006
33	NY 1110—2010	水溶肥料汞、砷、镉、铅、铬的限量要求	NY 1110—2006
34	NY/T 1117—2010	水溶肥料钙、镁、硫、氯含量的测定	NY/T 1117—2006
35	NY 1428—2010	微量元素水溶肥料	NY 1428—2007
36	NY 1429—2010	含氨基酸水溶肥料	NY 1429—2007
37	SC/T 1107—2010	中华鳖　亲鳖和苗种	
38	SC/T 3046—2010	冻烤鳗良好生产规范	
39	SC/T 3047—2010	鳗鲡储运技术规程	
40	SC/T 3119—2010	活鳗鲡	
41	SC/T 9401—2010	水生生物增殖放流技术规程	
42	SC/T 9402—2010	淡水浮游生物调查技术规范	
43	SC/T 1004—2010	鳗鲡配合饲料	SC/T 1004—2004

（续）

序号	标准号	标准名称	代替标准号
44	SC/T 3102—2010	鲜、冻带鱼	SC/T 3102—1984
45	SC/T 3103—2010	鲜、冻鲳鱼	SC/T 3103—1984
46	SC/T 3104—2010	鲜、冻蓝圆鲹	SC/T 3104—1986
47	SC/T 3106—2010	鲜、冻海鳗	SC/T 3106—1988
48	SC/T 3107—2010	鲜、冻乌贼	SC/T 3107—1984
49	SC/T 3101—2010	鲜大黄鱼、冻大黄鱼、鲜小黄鱼、冻小黄鱼	SC/T 3101—1984
50	SC/T 3302—2010	烤鱼片	SC/T 3302—2000

中华人民共和国卫生部
中华人民共和国农业部　公告

2010 年第 13 号

　　根据《食品安全法》规定,经食品安全国家标准审评委员会审查通过,现发布《食品安全国家标准食品中百菌清等 12 种农药最大残留限量》(GB 25193—2010),自 2010 年 11 月 1 日起实施。
　　特此公告。

二〇一〇年七月二十九日

中华人民共和国卫生部
中华人民共和国农业部 公告

2011 年第 2 号

　　根据《食品安全法》规定,经食品安全国家标准审评委员会审查通过,现发布食品安全国家标准《食品中百草枯等 54 种农药最大残留限量》(GB 26130—2010),自 2011 年 4 月 1 日起实施。

　　特此公告。

二〇一一年一月二十一日

图书在版编目（CIP）数据

最新中国农业行业标准．第7辑．农机分册/农业标
准出版研究中心编．—北京：中国农业出版社，2012.1
（中国农业标准经典收藏系列）
ISBN 978-7-109-16175-7

Ⅰ.①最…　Ⅱ.①农…　Ⅲ.①农业—行业标准—汇编
—中国　Ⅳ.①S-65

中国版本图书馆 CIP 数据核字（2011）第 209693 号

中国农业出版社出版
（北京市朝阳区农展馆北路2号）
（邮政编码 100125）
责任编辑　刘　伟　李文宾

北京通州皇家印刷厂印刷　新华书店北京发行所发行
2012年1月第1版　2012年1月北京第1次印刷

开本：880mm×1230mm 1/16　印张：17
字数：743千字
定价：102.00 元
（凡本版图书出现印刷、装订错误，请向出版社发行部调换）